Rotationskolben - Verbrennungsmotoren

W.-D. Bensinger

Springer-Verlag Berlin · Heidelberg · New York 1973

Dipl.-Ing. Wolf-Dieter Bensinger
Abteilungsdirektor
i. Hs. Daimler-Benz AG, Stuttgart-Untertürkheim

Mit 167 Abbildungen

ISBN 978-3-642-52174-4 ISBN 978-3-642-52173-7 (eBook)
DOI 10.1007/978-3-642-52173-7

Library of Congress Catalog Card Number 72-86890
Softcover reprint of the hardcover 1st edition 1973

Vorwort

In den letzten Jahren haben Rotationskolben-Verbrennungsmotoren zunehmendes Interesse gefunden, der Wankel-Kreiskolbenmotor konnte zur Serienreife entwickelt werden und bereits mit beachtlichen Stückzahlen zum Einsatz kommen.

Zu dem Aufgabengebiet des Verfassers als Leiter der PKW-Motorenkonstruktion der Daimler-Benz AG, Stuttgart-Untertürkheim, gehörte auch die Bearbeitung des Wankelmotors nachdem im Jahre 1961 ein Lizenzvertrag mit Wankel-NSU abgeschlossen worden war. Hierbei kamen ihm seine Erfahrungen aus den Jahren 1936—1945 sehr zu statten, in dieser Zeit hatte er in der Deutschen Versuchsanstalt für Luftfahrt Berlin-Adlershof eine Drehschiebersteuerung zur Betriebsreife gebracht; ohne Kenntnis der grundsätzlichen Abdichtungsuntersuchungen von Felix Wankel wäre dies nicht möglich gewesen. Seit dem Sommersemester 1971 hält der Verfasser an der technischen Universität Stuttgart eine Vorlesung über „Rotationskolben-Verbrennungsmotoren“.

Bei der noch sehr spärlichen Literatur schien es angebracht, für diejenigen, die sich mit Rotationskolbenmotoren beschäftigen wollen, seien es Studenten, Erfinder oder Ingenieure in der Praxis, all das zusammenzufassen, was an Stoff heute vorliegt, um einerseits Fehlwege zu vermeiden und andererseits die Arbeiten zu erleichtern. Mit Rücksicht auf den Umfang des Buches wurde auf die Ableitung der Formeln weithehend verzichtet, im Schrifttum wird auf vorhandene Literatur verwiesen. Die konstruktiven Belange fanden besondere Berücksichtigung, da sie in erster Linie den Erfolg eines Motors bestimmen.

Herrn Dir. Dr.-Ing. Scherenberg dankt der Verfasser für die freundliche Genehmigung, das vorliegende Buch veröffentlichen zu dürfen, seinen Mitarbeitern, besonders Herrn W. Springer, dankt er für ihre Hilfe.

Stuttgart-Riedenberg, 1972

W.-D. Bensinger

Inhaltsverzeichnis

1. Einführung

Rotationskolbenmotoren sind keine Erfindung neuester Zeit; seit es Verbrennungsmotoren gibt, werden Motoren mit drehenden Kolben vorgeschlagen [1]. Durchgesetzt und bis heute behauptet haben sich jedoch die Hubkolbenmotoren, obwohl ihre Nachteile allgemein bekannt sind; die hin- und hergehende Bewegung des Kolbens ist zweifellos keine schöne Lösung, sie mußte in Kauf genommen werden, weil die Abdichtung des Verbrennungsraumes wesentlich leichter als beim Rotationskolbenmotor zu beherrschen war.

Beim Hubkolbenmotor ist nur der zylindrische Kolben abzudichten; während der höchsten Drücke im Arbeitsraum führt er keine oder nur eine geringe Bewegung aus, beim Viertaktmotor vorhandene Ventile ruhen und werden vom Gasdruck auf ihren Sitz gepreßt, so daß gewisse Undichtigkeiten beseitigt werden. Für den Kolben fand man im Kolbenring ein geeignetes Bauteil zur Überbrückung des zwischen Kolben und Zylinderwand unvermeidlichen Spaltes, allerdings war man sich lange über seine Wirkungsweise keineswegs im klaren, man nahm an, daß er eben den Spalt abdeckt.

Beim Rotationskolbenmotor bewegt sich der Kolben immer, er kennt keinen Stillstand, und außerdem hat er eine für die Abdichtung wesentlich ungünstigere Form. Bei reinen Fördermaschinen kann man die bewegten Teile verhältnismäßig eng zu einander tolerieren und auch gewisse Undichtigkeiten hinnehmen, indem man entsprechend größer dimensioniert. Bei Verbrennungsmotoren ist dies nicht möglich, weil die Passungen wegen der unterschiedlichen Wärmedehnungen bei den verschiedenen Betriebszuständen wesentlich größer sein müssen und außerdem die heißen Verbrennungsgase, die mit hoher Geschwindigkeit durch die Spalte strömen, in Kürze zu Ausbrennungserscheinungen führen würden. Auch sind die Schmierbedingungen viel schlechter, die Laufbahn ist über einen weiten Bereich den Verbrennungsgasen ausgesetzt. Vor allem an der gasdichten Abdichtung sind die meisten Rotationskolbenerfindungen gescheitert, vielfach hat man das Abdichtproblem in seiner Bedeutung gar nicht erkannt; noch heute werden Vorschläge ohne dessen Lösung gemacht.

Im Jahre 1926 plante Felix Wankel[1], einen Motor zu entwickeln, dessen Kolben statt hin- und herzugehen nur rotieren sollten. Er erkannte die Schwierigkeit der Gasabdichtung, und, da er in der Literatur

[1] Von der technischen Universität München zum Dr.-Ing. eh. ernannt.

hierüber nichts fand, führte er auf eigene Rechnung mit einer kleinen Zahl von Mitarbeitern grundsätzliche Abdichtungsuntersuchungen durch. Sie dauerten bis 1936, d. h. fast 10 Jahre, eine erstaunliche von Erfindern kaum je durchgestandene Zeit. Wankel konnte nachweisen, daß es möglich ist, mit Hilfe des Gasdrucks eine einwandfreie Gasabdichtung auch nichtzylindrischer Körper bei geringer Reibung zu erzielen. Wenn man an die Schwierigkeiten mit Zylinderkopfdichtungen bei Hubkolbenmotoren denkt, so ist dieses Ergebnis fürwahr sehr beachtlich. Bei den Grundsatzuntersuchungen wurde auch der Kolbenring des Hubkolbenmotors betrachtet und dessen Funktion nachgewiesen.

Da ohne Kenntnis der Wankelschen Arbeiten die Entwicklung eines Rotationskolbenmotors schlechthin nicht denkbar ist und andererseits eine Veröffentlichung bis heute nicht erfolgte, werden sie im vorliegenden Buche an erster Stelle und sehr ausführlich behandelt. Es sei jedem Motoren-Konstrukteur empfohlen, sie sich zu eigen zu machen, er wird sich manchen Fehlschlag ersparen.

Während es bei Hubkolbenmaschinen nur sehr wenige Varianten für die Bildung des Arbeitsraumes gibt, ist die Zahl der Möglichkeiten bei Rotationskolbenmaschinen außerordentlich groß, allerdings schrumpfen diese auf ganz wenige zusammen, wenn es sich um Verbrennungsmotoren handelt.

Dem dringenden Bedürfnis, die Vielzahl der Rotationskolben-Bauarten zu ordnen, ist Wankel nachgekommen, er hat ein System gefunden, das es gestattet, jede vorgeschlagene Lösung sofort zu identifizieren und auch die möglichen Varianten zu erkennen. Wankel hat in überaus fleissiger Arbeit alle ihm bekannt gewordenen Rotationskolbenerfindungen in sein System eingeordnet und sich ergebende weitere Bauarten abgeleitet. Dem Verfasser, der sehr oft von Erfindern zur Beurteilung ihrer Ideen aufgefordert wird, ist bis heute noch kein ernst zu nehmender Vorschlag unterbreitet worden, der nicht in Wankels Einteilungstafeln nachzuweisen gewesen wäre. Nicht nur für Ingenieure, die sich mit Rotationskolbenmaschinen beschäftigen, sondern vor allem auch für die Patentämter ist Wankels Einteilungssystem von beträchtlichem Nutzen.

Dem Aufbau des Einteilungssystems von Wankel wird ein Abschnitt in diesem Buche gewidmet; auf eine ausführliche Behandlung wird jedoch verzichtet, da, wie bereits erwähnt, nur eine kleine Zahl von Bauarten als Verbrennungsmotoren geeignet sind. Die wichtigsten Voraussetzungen, ohne die ein Erfolg nicht möglich ist, werden aufgeführt, und es wird begründet, warum so viele Bauarten für den Motorenbau ausscheiden.

Die bestechendste und bis heute unübertroffene Lösung eines Rotationskolbenmotors ist der allgemein bekannt gewordene Wankel-Kreiskolbenmotor. Alle anderen Vorschläge sind im Anfangsstadium stecken geblieben und meist wieder aufgegeben worden. Dagegen findet der Wankel-Kreiskolbenmotor immer größeres Interesse, er wurde von vielen Lizenznehmern, zu denen laufend weitere hinzukommen, aufgegriffen und zu einer beachtlichen Betriebsreife gebracht; am Wankelmotor kann heute keine Motorenfirma mehr vorbeigehen, dem Hubkolbenmotor ist ein ernst zu nehmender Konkurrent erwachsen. Zu beachten ist, daß der Wankel-Motor am Anfang seiner Entwicklung steht und bei weitem noch nicht alle Möglichkeiten ausgeschöpft sind, während sich beim Hubkolbenmotor immer mehr zeigt, daß nennenswerte Fortschritte nur sehr mühsam zu erreichen sind.

Der größte Teil des Buches widmet sich dem Wankel-Kreiskolben-Motor, seine Funktion, die aufgetretenen Probleme und ihre Lösungen, so wie sie sich heute darstellen, werden eingehend behandelt. Die wichtigsten bekannt gewordenen Konstruktionen werden in Schnittbildern gezeigt und ihre Besonderheiten besprochen, damit ein Neuentwurf erleichtert wird.

2. Die grundsätzlichen Abdichtungsuntersuchungen von Felix Wankel

Die im folgenden beschriebenen Versuche und Erkenntnisse sind Auszüge aus den Tagebuchaufzeichnungen von F. Wankel, die auf dessen Wunsch vom Verfasser geordnet und ausgewertet wurden. Aus historischen Gründen ist das jeweilige Datum der Versuche auf den Bildern angegeben, ihr Ablauf erfolgte natürlich nicht so folgerichtig, wie hier geschildert, sondern vielfach auf Umwegen in mühevoller Arbeit.

Die Versuche waren darauf gerichtet, vor allem für den Verbrennungsmotorenbau verwertbare Ergebnisse zu liefern. Die Versuchsvorrichtungen wurden ähnlich physikalischen Anordnungen ohne Rücksicht auf Raumbedarf, Aussehen oder spätere Gestaltung im Motor jeweils nur zur Beantwortung einer ganz bestimmten Frage entworfen, die Genauigkeit der Teile, vor allem der Dichtflächen wurde nur so weit getrieben, wie sie für einen Motor üblich und auch während seiner Laufzeit haltbar ist; Meßflächengenauigkeit mußte natürlich ausscheiden.[1]

[1] Die Versuchsvorrichtungen der Jahre 1929/30 konnten nur mit Drehbank, Säulenbohrmaschine, Rund- u. Zylinderschleifmaschine in einer kleinen Autoreparaturwerkstätte in Heidelberg, an der Wankel beteiligt war, hergestellt werden. Von 1933—1936 wurden sie in der Firma „Automatenbau" und in Wankels Versuchsabteilung in Lahr gefertigt. Von 1936—1945 konnte sie die WVW (Wankel-Versuchswerkstätte) in Lindau u. ab 1951 die TES (Techn. Entwicklungsstelle), ebenfalls in Lindau, selbst herstellen.

Ohne Kenntnis der Wankelschen Abdichtungsuntersuchungen ist ein Rotationskolbenmotor schwerlich denkbar, auch für den Hubkolbenmotor fanden sich manche bislang unbekannte Erklärungen.

2.1 Festlegung der Begriffe

Teile, die sich zueinander bewegen, müssen einen bestimmten Abstand haben, sonst wäre die gegenseitige Bewegung nicht möglich. Sofern der sich ergebende Spalt durch die Bemessung der Bauteile unveränderlich ist, liegt *Einpaß-Abdichtung* vor. Diese erfordert unnachgiebige Führungen, mindestens zwei, die sich dann gegenüberliegen müssen. Es können auch drei, vier oder mehr Führungen sein; auch runde Formen sind möglich; die abstützende Führung kann unterbrochen sein. Entscheidend ist, daß die Flächen einen unveränderlichen Abstand zueinander haben. Wenn Verbrennungsgase abgedichtet werden sollen, ist eine Einpaßdichtung nur bei kleinen und besonders sorgfältig hergestellten Teilen möglich, bei denen ein nennenswerter Verzug durch ungleichmäßige Wärmebeaufschlagung nicht eintritt; die Spalte müssen sehr klein sein (s. a. Abschnitt 2.311).

Wenn der Spalt zwischen den zu dichtenden Teilen nicht fest gegeben ist, sondern durch Kräfte, wie Federn, Gewichte, Gas- oder Öldruck und dgl., bestimmt wird, spricht man von *Anlege-Abdichtung*; bei dieser ist nur *eine* starre Führung vorhanden.

Zwischen der reinen Einpaß- und der reinen Anlege-Abdichtung gibt es auch Übergänge, z. B. die Einpaß-Abdichtungen mit selbsttätigen Nachstell- oder Ausgleichvorrichtungen, die durch Druck-, Temperatur-, Wärmedehnung usw. bewegt werden. Ein von den Motortakten gesteuertes Abwechseln von Einpaß- und Anlege-Dichtung liegt bei der in Abschnitt 2.313 beschriebenen „*Fühlhalteabdichtung*“ vor. Bei kegeligen Körpern, wie sie z. B. bei Drehschiebern vorkommen, haben diejenigen mit schlankem, selbsthemmendem Winkel ebenso wie die achsial starr gehaltenen mit größerem nicht selbsthemmendem Winkel Einpaß-Dichtung, die letzteren jedoch, sofern sie nachgiebig angedrückt werden, Anlege-Dichtung.

Größere Dichtflächen unterliegen bei Wärmekraftmaschinen einem unvermeidlichen Verzug, weil sie nicht überall die gleiche Temperatur haben und auch Verbiegungen durch die übrige Gestalt und Kühlung des Maschinenteils eintreten. Es entstehen Leckstellen, die bei den hohen Durchblasegeschwindigkeiten von heißen Gasen infolge der guten Wärmeübergänge — die Wärmeübergangszahl ist der Geschwindigkeit nahezu proportional — in Kürze zum Schmelzen des Werkstoffes und Ausbrennen führen. Man setzt daher zweckmäßigerweise kleine, dem Wärmeverzug wenig unterworfene Dichtteile ein, ihre Ausbildung wird in den folgenden Abschnitten ausführlich behandelt.

Für die Anlege-Abdichtung durch den Gasdruck ist die Benennung der das Gehäuse und das Dichtteil betreffenden Stellen in ihrer allgemeinsten Form in Bild 1 dargestellt. Der Bahnträger besitzt auf der Bahnwand die *Bahndichtfläche* D_{GB} (D = Dichtfläche, Index G = Gleitfläche mit großem Gleitweg, Index B = Bahnträger); das Gehäuse, d. h. der Dichtteilträger hat in seiner Laufwand L die Nut mit der Zuströmwand Z auf der Seite hohen Drucks (Gasdruckseite), der Schubwand S und der Abströmwand A mit der *Abströmdichtfläche* D_{RA} (Index R = Rutschdichtfläche mit kleinem Gleitweg) auf der Seite niederen Drucks (Freiluftseite). Das Dichtteil hat die *Laufdichtfläche*

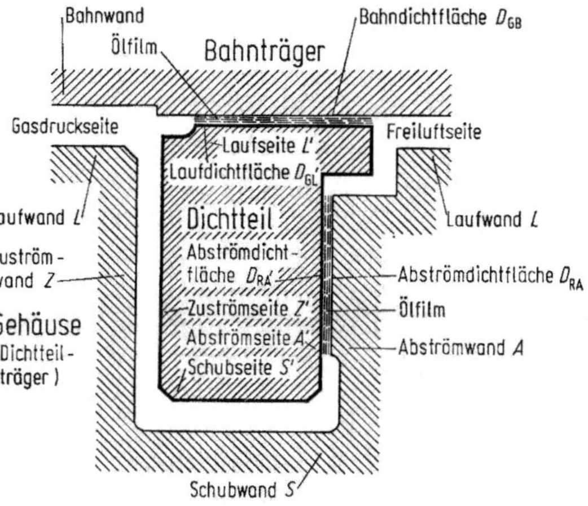

Bild 1. Benennung der Flächen an den Abdichtteilen.

D'_{GL} (der hochgesetzte Strich kennzeichnet das Dichtteil) auf der Laufseite L', die Zuströmseite Z', Schubseite S' und Abströmseite A' mit der *Abströmdichtfläche* D'_{RA}. Zwischen der Laufdichtfläche D'_{GL} und der Bahndichtfläche D_{GB} sowie der Abströmdichtfläche D'_{RA} und der Abströmdichtfläche D_{RA} befindet sich jeweils ein Ölfilm.

Die wirksamen Flächen sind in Bild 2 dargestellt. Es sind zu unterscheiden die Dichtflächen D, die Wirkflächen W, die Nichtwirkflächen N und die unbeaufschlagten Flächen U. *Die Dichtflächen* D'_{GL} *und* D'_{RA} stehen über einen Ölfilm mit einem bewegten oder feststehenden Bauteil in Verbindung; der Gasdruck will den Ölfilm verdrängen und übt hierdurch eine abhebende Wirkung auf das Dichtteil aus (s. a. Abschnitt 2.311 und Bild 5). In entgegengesetzter Richtung, d. h. das Dichtteile anpressend und den Öflilm zusammendrückend, arbeiten die *Wirkflächen* W'_S *und* W'_Z, die vom Gasdruck voll beaufschlagt werden. Unwirksam sind die *Nichtwirkflächen* N, bei denen sich gleichgroße Flächen gegenüberstehen, so daß die anpressenden Kräfte durch ab-

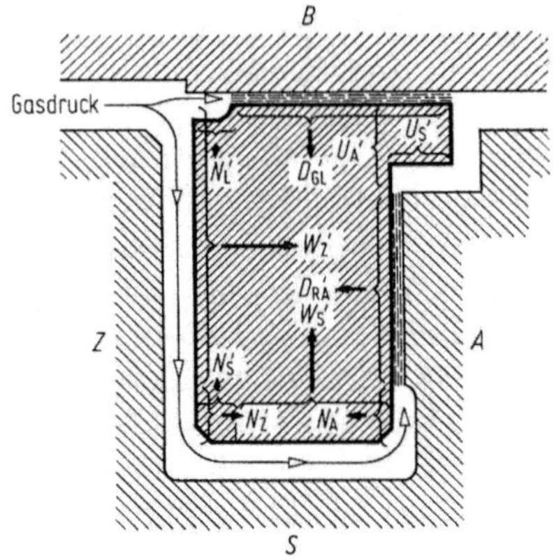

Bild 2. Die wirksamen Flächen am Dichtteil.

hebende ausgeglichen werden ($N_L' = N_S'$, $N_Z' = N_A'$). Auf der Seite niederen Drucks gibt es noch die *unbeaufschlagten Flächen* U_S' *und* U_A'.

Um eine einwandfreie Dichtung zu erhalten, muß Gasdruck $p_G \times$ Wirkfläche W_S' bzw. W_Z' gleich oder größer sein als die über den Ölfilm abhebende Wirkung des Gasdrucks p_G an den Dichtflächen D_{GL}' bzw. D_{RA}'. Die Wirkfläche W_S' darf nicht zu groß sein, weil sonst zuviel Reibung an der Dichtfläche D_{GL}' (großer Gleitweg) entsteht, die Wirkfläche W_G dagegen kann größer sein, an der Dichtfläche D_{RA}' ist der Gleitweg ja nur gering.

2.2 Versuchsaufbau

Um die Dichtstellen gut beobachten und auch die Reibungsverhältnisse überprüfen zu können, wurde der Verbrennungsraum eines NSU-Motorradmotors mit stehenden Ventilen mit einer Bohrung versehen, an die dann die Vorrichtung mit den zu untersuchenden Dichtteilen angeschlossen wurde (s. Bild 3). Der Motor war nur Erzeuger des Verbrennungsgases mit wechselnden Drücken und entsprechenden Temperaturen — man konnte auch auf Zündung verzichten und nur mit Verdichtung fremd angetrieben fahren —, die Gassteuerung erfolgte unabhängig durch die Ventile; es war gleichgültig, ob die Versuchsteile bewegt wurden oder stillstanden, sie hatten keine den Arbeitsprozeß beeinflussende Funktion, es sei denn, sie waren so undicht, daß der Motorlauf infrage gestellt wurde. Auf diese Weise konnte man unabhängig von der Drehzahl des Motors Versuche mit besonders hohen Gleitgeschwindigkeiten an der Dichtfläche fahren, indem man den Bahnträger fremd z. B. mit einem Elektromotor antrieb.

Die Schmierverhältnisse konnten dem echten Motorbetrieb natürlich nur bedingt gleichgesetzt werden, auch gab eine Dauererprobung der Dichtteile wegen der abweichenden Einbau- und Kühlverhältnisse nur Vergleichswerte. Für gewisse Versuche wurde Preßluft verwendet, vor allem dann, wenn die Dichtteile bei konstantem Druck geprüft werden sollten.

In Bild 3 ist als Beispiel die Abdichtung einer flachen Scheibe dargestellt; man ersieht, wie der Gasdruck die Abdichtung beaufschlägt, wie man das bewegliche Maschinenteil (Bahnträger) drehen und seine Reibung prüfen kann. Bei allen folgenden Bildern der jeweiligen Abdichtungsversuche werden nur die Vorrichtungen, die auf den Zylinderkopf geschraubt wurden, gezeigt, der Versuchsmotor wird der Einfachheit wegen weggelassen. Zum besseren Verständnis sind sie abweichend von ihrer tatsächlichen Gestalt schematisiert gezeichnet.

2.3 Beschreibung der Versuche

2.31 Abdichtversuche unmittelbar abgedichteter Maschinenteile (Maschinenteile mit eigenen Dichtflächen)

2.311 Versuche an stirnseitig dichtenden Kölbchen, Gasdruck von außen. In einer zylindrischen, waagerecht liegenden Bohrung befinden

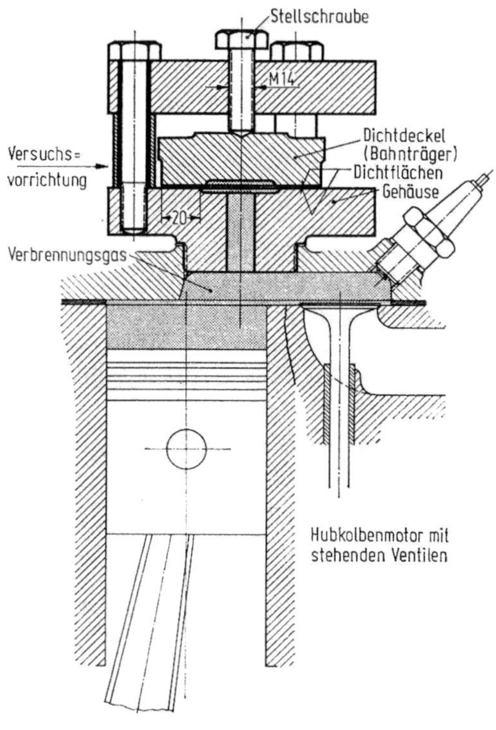

Bild 3. Grundsätzlicher Versuchsaufbau zur Untersuchung der Abdichtung (26. II. 29).

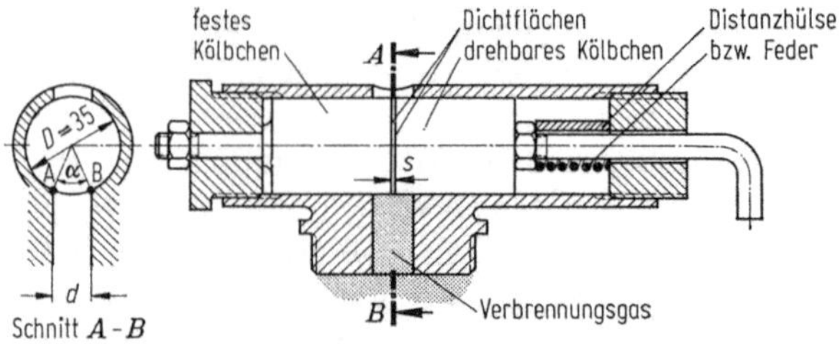

Bild 4. Versuchsvorrichtung mit zwei sich stirnseitig berührenden Kölbchen (Gasdruck von außen) (10. II. 29).

sich zwei gut eingepaßte Kölbchen von 35 mm ∅. Das eine ist fest, das andere kann in achsialer Richtung gegen den einstellbaren Abschlußdeckel mit Distanzhülse oder gegen eine Feder bewegt und über einen Handgriff gedreht werden (s. Bild 4). Die stirnseitigen Berührungsflächen befinden sich über einer Querbohrung, durch die Preßluft oder Verbrennungsgase des Verbrennungsmotors zugeführt werden (s. Bild 3); das Gas beaufschlagt den Bogen AB $= (D/2)\,\widehat{\alpha}$, worin α aus $\sin \alpha/2 = d/D$ zu berechnen ist. Die zwischen die Stirnflächen eindringenden Gase versuchen die Kölbchen zu trennen; sie üben über die Fläche $1/2 \cdot \pi/4\ d^2$ eine Querkraft zur Kölbchenachse aus, die an der großen Mantelfläche des beweglichen Kölbchens aufgenommen wird.

Ergebnisse:

1. Wenn kein Ölfilm zwischen den Stirndichtflächen der Kölbchen vorhanden war, konnte eine Abdichtung gegen Verdichtungs- bzw. Zünddrücke nur mit einer so engen, starren Spalteinstellung (Einpaß-Abdichtung) erzielt werden, daß die Drehbarkeit des Kölbchens erschwert war. Auch dann war noch ein schwaches Durchblasen, insbesondere bei Zünddrücken, bemerkbar.
   Eine Abdichtung ohne Flüssigkeitsfilm ist nicht möglich, selbst wenn der Dichtspalt so eng bemessen ist, daß Freßgefahr für die Gleitflächen besteht.

2. Befand sich ein Ölfilm zwischen den Dichtflächen, war die Abdichtung gegen Verdichtungs- und Zünddrücke einwandfrei. Der Spaltabstand „s" konnte so weit vergrößert werden, daß das Kölbchen leicht drehbar war.
   Hiermit ist der äußerst wichtige Beweis geliefert, daß *leicht bewegliche Maschinenteile einen Verbrennungsraum abdichten können, sofern ein Ölfilm vorhanden ist.*

3. Ohne Ölfilm war auch mit einer Feder statt der starren Hülse (Anlege-Abdichtung) bei leichter Dreharbeit des Kölbchens keine Abdichtung möglich.

4. Bei Vorhandensein eines Ölfilms genügte eine verhältnismäßig schwache Feder gegen nur verdichtete Gase. Das Kölbchen konnte leicht gedreht werden; dabei wurde die Abdichtung nicht beeinträchtigt. Wenn das Kölbchen gedreht wurde, konnte die Feder besonders schwach eingestellt werden, weil die Dichtflächen besser mit Öl benetzt wurden.
Der Flüssigkeitsfilm zwischen den Dichtflächen leitet die auf seinen Außenrand wirkenden Gasdrücke in dichtflächentrennender Richtung weiter, der hydraulische Wirkungsgrad ist jedoch nur gering.
Man kann sich die Vorgänge als Arbeitshypothese etwa so vorstellen (s. Bild 5), daß der Gasdruck den Ölfilm zurückdrückt, Reibung der Ölteilchen gegeneinander und Adhäsion setzen Widerstand entgegen, der Druck im Ölfilm nimmt zur Freiluftseite hin ab; damit sind die dichtflächentrennenden Kräfte beschränkt, solange der Ölfilm erhalten bleibt, und leichte Beweglichkeit ist auf dem Ölfilm möglich. Die Auffassung, daß der Druck wegen des Ölfilms nicht zwischen die Dichtflächen eindringen könne bzw. nicht weitergeleitet würde, ist ebenso unzutreffend wie die Ansicht, daß die Druckbeaufschlagung in voller Höhe erfolge.
5. Gegen Zünddrücke war eine sehr kräftige Feder nötig, um mit Ölfilm dicht zu sein. Die hohe Federkraft war während der Zeiten ohne oder mit geringen Drücken natürlich sehr ungünstig, weil der Ölfilm weggedrückt werden konnte. Es fehlte die ölhydraulische Gegenkraft; Reibung und Verschleiß sind nicht zu vermeiden.
6. Der Ersatz der bei starrer Einstellung eingebauten Abstandshülse durch ein kleines Achsial-Kugellager änderte nichts an den Ergebnissen.
7. Zum Nachweis, daß die Schwerkraft des Ölfilms keinen Einfluß hat, wurde die ganze Vorrichtung um 180° gedreht und mit einem Rohr-

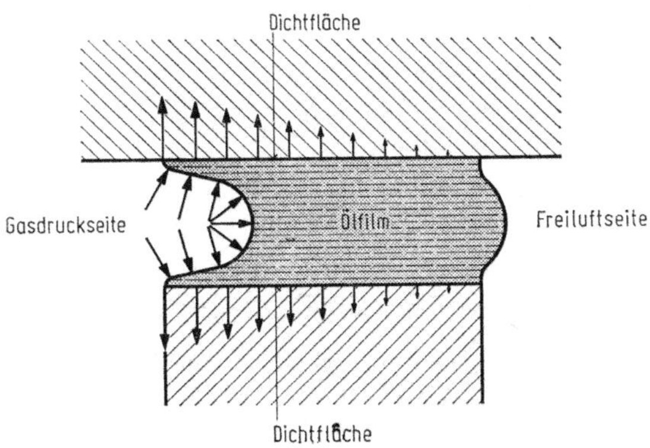

Bild 5. Kräfte am Ölfilm.

bogen an den Verbrennungsmotor angeschlossen. Es ergab sich das gleiche.

8. Die in Bild 6 dargestellten Kölbchen mit 2,5 bzw. 5 mm Dichtrand waren den unausgesparten Stirndichtflächen abdichtungsmäßig nahezu gleich. Nur bei starrem Spaltabstand ohne Ölfilm war das Durchblasen als Folge der verminderten Spaltlängen etwas stärker. Bei 2,5 mm Dichtrandbreite war zum Abdichten gegen Zünddrücke eine erhöhte Genauigkeit in der Dichtflächenherstellung und eine besonders enge Spaltabstandseinstellung nötig, offenbar, weil der kürzere Ölfilm leichter ausweichen kann. Bei Anlegedichtung genügte gegen Verdichtungsdrücke eine besonders schwache Feder.
Aus diesen Versuchen geht hervor, daß *zur Abdichtung auch schmale Dichtränder ausreichend sind.*

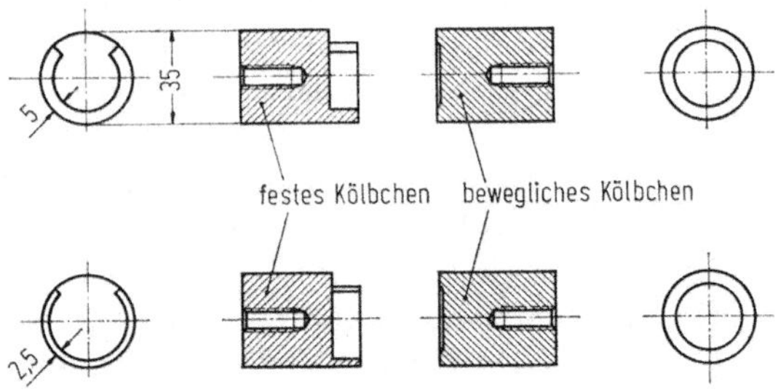

Bild 6. Kölbchen mit Dichtrand (11. IX. 29).

9. Wurde anstelle von Verbrennungsgasen wechselnden Druckes Preßluft konstanten, niederen Druckes (1 bis 2 bar) verwendet, war auch bei Vorhandensein eines Ölfilms keine beständige Abdichtung zu erzielen. Das Öl wurde herausgedrückt, weil die Reibung der Ölteilchen dauernder Belastung nicht standhielt[1]. Mit besonders gut hergestellten Dichtflächen und sehr kleinem Spaltabstand gelang es später, auch bei konstantem Druck Dichtung zu erzielen; im praktischen Betrieb wäre eine derartige Dichtflächenqualität jedoch nicht zu vertreten und auch kaum zu erhalten.
Zur Abdichtung ist ein wechselnder Gasdruck notwendig, damit Reibungswiderstände im Öl auftreten können.
Versuche der gleichen Art jedoch mit Kolben von 150 mm ⌀ brachten die selben Ergebnisse.

2.312 Versuche mit innerem Gasdruck. Bei den bisherigen Versuchen wirkte der Gasdruck von außen auf die Dichtung, ohne daß

[1] Spätere Versuche an Verbrennungsmotorenzylindern mit Kolben, deren Spiel sehr knapp gehalten war, bestätigten diese Erkenntnisse; auch nach Einbau der Kolbenringe änderte sich nichts wesentliches an der fehlenden Gasdichtheit, solange der Gasdruck konstant blieb.

eine unmittelbare Angriffsfläche in Dichtflächen-trennender Richtung gegeben war. Eine Versuchsvorrichtung, bei der der Gasdruck innen angreift und erhebliche Trennkräfte erzeugt, zeigt Bild 3. Eine starke Platte ist mit dem Verbrennungsmotor verbunden, um die Gaszufuhr herum ist sie ausgespart, so daß die über den vorstehenden Dichtrand abschließende Scheibe vom Gasdruck beaufschlagt wird. Eine fein einstellbare M 14-Schraube mit Körnerspitze bestimmt über eine obere Platte und 3 Stützen die Lage des Dichtdeckels zum Dichtrand. Später wurde die Einstellschraube durch eine nicht mehr selbsthemmende, zweigängige Steilgewindeschraube ersetzt, die am Kopf einen langen Hebelarm zum Halten mit der Hand hatte (Bild 7).

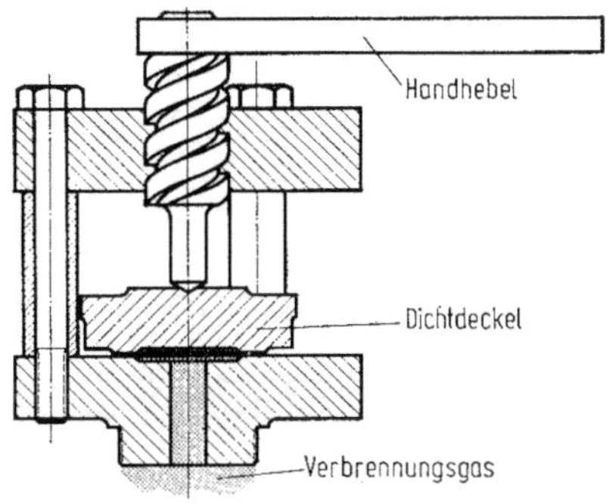

Bild 7. Versuchsvorrichtung mit Steilschraube ohne Selbsthemmung (15. III. 29).

Ergebnisse

1. Nachdem die anfangs zu schwache obere Platte ebenso wie die Befestigungsschrauben erheblich verstärkt worden waren, konnte der Dichtdeckel bei leichter Drehbarkeit mit der M 14-Schraube für Verdichtungsdrücke abdichtend eingestellt werden. Dichtheit gegen Zünddrücke erforderte Drehen des Dichtdeckels zur Erhaltung des Ölfilms.

   Trotz erheblicher Gasdrücke in Dichtflächen-trennender Richtung läßt sich bei leichter Drehbarkeit eine einwandfreie Abdichtung erzielen, sofern ein ausreichender Ölfilm vorhanden ist.

2. Wurde die M 14-Schraube durch die nicht mehr selbsthemmende Steilgewindeschraube ersetzt, ergab sich eine noch feinfühligere Einstellung und sicherere Abdichtung. Mit der Hand konnte am Hebelarm ohne weiteres die genaue Spalteinstellung gehalten werden. Ein großer Teil der Kräfte wurde natürlich trotz fehlender Selbsthemmung im Gewinde aufgenommen; bei geringem Druck auf das Hebelende ließ sich die Steilschraube in ihrem Gewinde festbremsen.

3. Abschrägen oder leichtes Abrunden der inneren Dichtrandkanten beeinträchtigte die Abdichtung nicht. Die Gasdrücke vermochten

also nicht infolge einer Art Ölkeilbildung, Düsenwirkung o. dgl. den dichtenden Ölfilm zu durchschlagen.

4. Um den Einfluß der Schwerkräfte auszuschalten, wurde die Versuchsvorrichtung um 90° gedreht und das Gas über eine radiale Bohrung zur einseitig verschlossenen Mittelbohrung geführt. Es ergab sich keine Änderung in den Abdichtungsverhältnissen.
5. Mit 5 bzw. 2,5 mm Dichtand — anstelle von 20 mm — und entsprechend kleineren Außendurchmessern zeigten sich die gleichen Ergebnisse wie bei den Kölbchenversuchen (s. Abschnitt 2.311, Ergebnis 8).

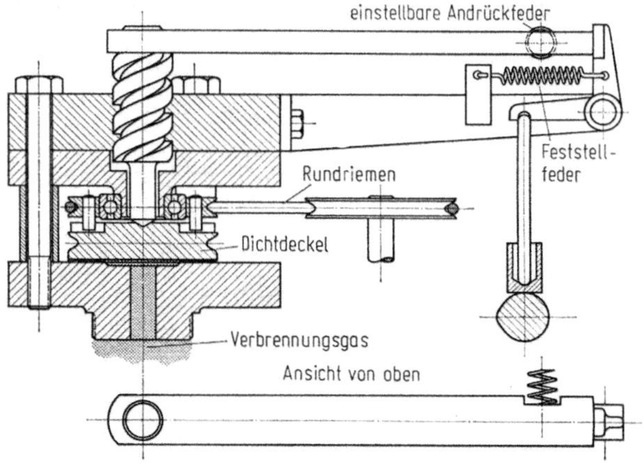

Bild 8. Versuchsvorrichtung mit Fühlhaltung (23. III. 29).

2.313 Abdichtung mit Fühlhaltung. Bei der Versuchsvorrichtung nach Bild 7 konnte der Spaltabstand über die nicht mehr selbsthemmende Steilschraube und einen langen Hebel von Hand eingestellt und entsprechend der Wärmedehnung nachgeregelt werden. Wenn der Spalt zu klein wurde, war weniger leichte Drehbarkeit des Dichtdeckels zu verspüren, bei zu großem Spaltabstand entstand Undichtigkeit an der Dichtfläche.

Die richtige „Fühlhaltung" sollte die Versuchsvorrichtung nach Bild 8 selbsttätig vornehmen. Der Hebelarm an der Steilschraube wurde durch eine leichte Feder angedrückt, ein federbelasteter Winkelhebel hielt den Hebel an seinem Ende fest. Über einen 1:2 untersetzten Nocken und eine Stößelstange wurde der Hebel um 0,5 mm angehoben und damit die Sperrung freigegeben und zwar dann, wenn der Verbrennungsmotor ansaugte und kein Druck oder geringer Unterdruck gegeben war. Während dieser Zeit ist die Fühlhaltung „zum Einstellen freigegeben", der Spaltabstand konnte sich nach den gegebenen Wärmeverhältnissen einstellen, bis Gleichgewicht zwischen Ölfilmdruck und Federkraft am Hebelarm vorhanden war; der Dichtdeckel bewegte sich bei Erwärmung etwas nach oben, bei Abkühlung nach unten, der Hebel an der Steilschraube machte dabei entsprechende Ausschläge. Sobald Gasdruck auftrat, wurde der Hebel blockiert, und der Spaltabstand war nicht mehr veränderlich, die Fühlhaltung war „zum Abdichten festgestellt"; beim nächsten Ansaugtakt begann das Spiel von neuem. Über eine Riemenrille bzw. eine gesondert gelagerte Riemenscheibe und zwei Stifte ließ sich der Dichtdeckel über einen Nähmaschinenriemen antreiben. Da sich nach jedem Arbeitstakt der richtige Spaltabstand einstellt, sollte ein Minimum an Reibung erzielt werden.

Ergebnisse

1. Der fühlgehaltene Dichtdeckel dichtete bei leichter Drehbarkeit Verdichtungs- und Zünddrücke einwandfrei ab.
2. Die Anpassung an den Wärmezustand entsprach den Erwartungen, der Reibungswiderstand änderte sich nicht. Bei maschinellem Antrieb über den Nähmaschinenriemen mit der gesondert gelagerten Riemenscheibe war ein gleichmäßiger Lauf zu beobachten, ohne daß zeitweise erschwerte Drehung durch die Gasdrücke oder durch Wärmedehnung auftrat.
3. Ein unmittelbarer Antrieb des Dichtdeckels brachte Gasaustritt auf der Riemenzugseite der Dichtfläche. Wenn auch die Antriebskräfte für den Dichtdeckel sehr gering sind, genügen sie doch zu einer gewissen Schiefstellung. Der Ölfilm auf der einen Seite der Dichtfläche wird zusammengedrückt und auf der anderen so weit vergrößert, daß er dem Gasdruck nicht mehr standhalten kann.
   Der gegen hohe Drücke dichtende Ölfilm versagt, wenn auch nur geringe einseitige Kräfte auftreten und das Gleichgewicht der Kräfte stören.
   Natürlich wurde auch die selbsttätige Fühlhaltung durch den Riemenzug ungünstig beeinflußt, doch konnte dieser Einfluß durch vorübergehende Feststellung der Fühlhaltesteuerung ausgeschaltet werden.
4. Eine strömende oder besonders reichliche Schmierung zeigte sich nicht als notwendig. Der ohne Gasdruckbelastung angetriebene Dichtdeckel braucht kaum weniger Öl als der fühlgehaltene, Zünddrücke abdichtende Dichtdeckel. Wenn für zeitweilige Frischölzufuhr am Außenrand des Dichtspaltes gesorgt wurde, konnte der Dichtdeckel beliebig lange ohne Verschleiß bei einwandfreier Gasdichtung laufen.

Zur Abdichtung gegen Verbrennungsgase ist mit sehr geringen Schmierölmengen auszukommen (s. a. Abschnitt 5.613).

5. Gegen konstanten Preßluftdruck (bis 4,5 bar) war trotz sorgfältig eingestellter Fühlhaltung nur ganz kurz Abdichtung zu erzielen.
6. Ein Schwenken der gesamten Vorrichtung um 90°, so daß die Dichtflächen senkrecht standen, änderte nichts an den Erkenntnissen.

2.314 Abdichtung durch Gegengas. Bei den beschriebenen Versuchen mit Fühlhaltung wechselten Anlege- und Einpaßabdichtung je

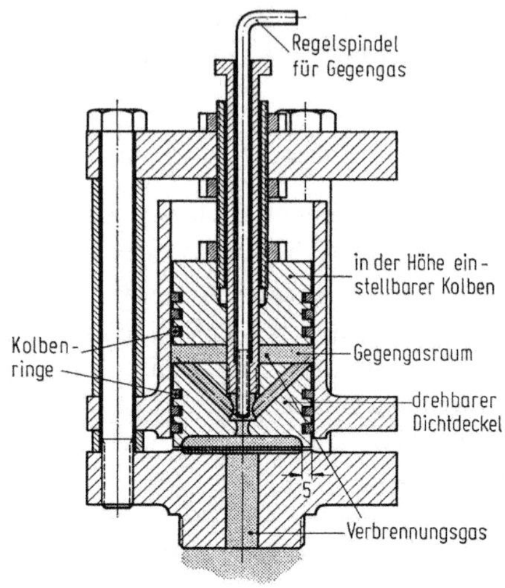

Bild 9. Abdichtung mit Gegengas (30. VII. 30).

nach den Drücken im Verbrennungsmotor miteinander. Bei der Versuchsvorrichtung nach Bild 9 liegt reine Anlege-Abdichtung vor, und zwar wird das Gleichgewicht am Dichtspalt durch Gegengas herbeigeführt. Der Dichtdeckel ist als Kolben mit Kolbenringen ausgeführt. Der Dichtrand hat 5 mm Breite; er ist am Kolben so vorgezogen, daß sich ein scheibenförmiger Gasraum ergibt. In der Mitte des Kolbens befindet sich eine mit Schrägbohrungen zum Gegengasraum verbundene Bohrung, die über eine von außen drehbare Regelspindel mehr oder weniger freigegeben werden kann. Der Gegengasraum wird durch einen weiteren Kolben mit Kolbenringen abgeschlossen. Dieser kann in der Höhe verstellt werden, um den Gegengasraum in seinem Volumen verändern zu können. Eine Hülse am Dichtkolben, in der sich die Stellschraube befindet, führt mit Einpaßdichtung durch den oberen Kolben. Zur guten Beobachtung des Dichtspaltes ist die Kolbenführung über Distanzringe angehoben.

Während das Gegengas auf die ganze Kolbenfläche drückt, wirkt der Gasdruck nur auf die Kolbenfläche abzüglich Dichtfläche und hydraulisch übersetzt auf den inneren Dichtrand. Bei gleichem Druck ist die Kraft von oben größer als diejenige von unten; das Gas sperrt sich selbst ab. Zur Regelung der Gegengaskraft kann entweder die Stellschraube dienen, mit Hilfe deren der Querschnitt für das Gegengas verändert wird, oder es kann der Gegengasraum größer oder kleiner gemacht werden, die Zeit zum Füllen des Raumes wird damit beeinflußt, der Gegengasdruck erreicht nicht seine volle Höhe.

Ergebnisse

1. Wurden die Unterlegscheiben zwischen Zylinderflansch und Grundplatte weggelassen, so daß hier eine Dichtung entstand und somit die Dichtfläche am Kolben nicht mehr dichten mußte, wurde beim Hubkolbenmotor als Verdichter je nach Einstellung der Regelschraube der Dichtdeckel stark hochgeschleudert oder nur schwach angehoben, so daß er von Hand gehalten werden konnte, oder er blieb schließlich in jeder Lage stehen.
2. Wenn die Bohrungen zu eng waren, kam das Gegengas zu spät auf den Kolben und die Abdichtung befriedigte nicht. Erst nachdem die V-förmig liegenden Bohrungen und vor allem die Mittelbohrung vergrößert waren — letztere von 4,5 auf 12,6 mm ⌀ —, wurden Verdichtungsdrücke dicht gehalten. Bei Zündung blies etwas Gas ab, man sah einen im Takt erscheinenden Spaltabstand am Dichtrand, jedoch ohne Feuer; die Drehbarkeit war etwas schlechter. Offenbar tritt das Gegengas zu spät auf, so daß ein Abheben eintritt, doch kommt die Gegengas-Wirkung noch so rechtzeitig, daß ein größerer Gasverlust vermieden wird. Weil die Gegengasdruckfläche etwas größer war als die um den Dichtrand verminderte belastete Kolbenseite, wurde die Drehbarkeit beeinträchtigt. Es kann auch sein, daß das Gegengas bei Druckabnahme nicht schnell genug abgebaut wird. *Es ist möglich, den Gasdruck selbst zur gegenseitigen Andrückung der Dichtteile zu verwenden.*

2.315 Mechanische Übertragung der Gegengaskraft. Die Versuchsvorrichtung nach Bild 10 zeigt eine mechanische Übertragung der Kraft am Gegengaskölbchen mit veränderlicher Übersetzung. Das eingepaßte Kölbchen besaß eine gehärtete Schneide, mit der es über einen einstellbaren Hebelarm mit ebenfalls gehärteten Auflagestellen eine weitere Schneide und eine Kugel auf den durch einen Stift geführten Dichtdeckel mit 5 mm breitem Dichtrand drückte. Die Schneiden mußten aus dem Vollen hergestellt werden. Eine hartgelötete Ausführung wurde durch die hohen Verbrennungsdrücke zertrümmert. Eine Feder am Kölbchen mußte die Gewichte von diesen und vom Waagebalken tragen und überdies dafür sorgen, daß die Schneiden während des Ansaugtaktes spielfrei blieben.

Ergebnisse

1. Nach entsprechender Einstellung des Übersetzungsverhältnisses war der Dichtdeckel einwandfrei dicht; besonders leichte Drehbarkeit wurde beobachtet. Auch bei voller Motorbelastung machte der mit zwei Fingern angeworfene Dichtdeckel mehrere Umdrehungen.
2. Bei gedrosseltem Motor und niederen Drehzahlen zog der hohe Unterdruck das Gegengaskölbchen bei jedem Takt mehr oder weniger nach unten. Nur bei sehr großen Kölbchen- und Waagebalkenbewegungen wurde hierdurch die Abdichtung des Dichtdeckels beeinträchtigt. Ein Anschlag zur Hubbegrenzung ist dann notwendig.

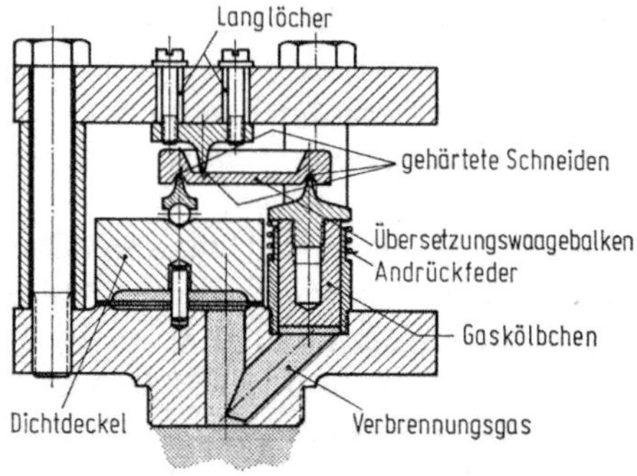

Bild 10. Abdichtung mit mechanischer Übertragung der Gegengaskraft (22. VIII. 30).

2.316 Vergleich der Abdichtung mit Fühlhaltung und Gegengas. Es erscheint angebracht, die beiden Abdichtungsarten Fühlhaltung und Gegengas miteinander zu vergleichen.

Fühlgehaltene Maschinenteile ergeben geringste Reibung, weil der auf einen gewissen Dichtflächenabstand eingestellte Spalt bei Auftreten des Gasdruckes nicht verkleinert, sondern infolge einer gewissen Elastizität der betroffenen Bauteile sogar etwas vergrößert wird. Allerdings darf die Nachgiebigkeit nicht so groß sein, daß der Ölfilm zwischen den Dichtflächen durchschlagen wird. Hierin liegt eine Gefahr, man darf der geringen Reibung zuliebe nicht die Abdichtung gefährden.

Hingegen kann bei Abdichtung mit Gegengas unter dem Gasdruck eine Verkleinerung des Dichtflächenabstandes eintreten, die erhöhte Reibung zur Folge hat. Möglicherweise findet bei verspätet einsetzendem Gegengas auch erst eine Spalterweiterung statt — sogar kurzzeitige Undichtigkeit kann auftreten —, die vorübergehende Reibungsminderung wird jedoch durch den plötzlich einsetzenden Gasdruck mehr als ausgeglichen.

Die jeweiligen Einflüsse müssen zur Erzielung günstigster Reibungsverhältnisse und dennoch sicherer Abdichtung gut abgewogen werden.

2.32 Abdichtversuche mit Dichtkörpern

Größere Bauteile eines Verbrennungsmotors, insbesondere wenn sie als Steuerorgan den Brennraum abschließen, unterliegen einem unvermeidlichen Wärmeverzug, der die empfindlichen Dichtflächen verformen kann. Es ist daher zweckmäßig, ein Zwischenglied — Dichtkörper genannt — vorzusehen, das geringe Temperaturunterschiede aufweist und in gewissen Grenzen beweglich ist, so daß sich die Dichtfläche zum bewegten Teil (Steuerschieber o. dgl.) einstellen kann. Zum Gehäuse muß der Dichtkörper so abgedichtet werden, daß seine Beweglichkeit nicht eingeschränkt wird; da es sich um geringe Gleitwege (Rutschdichtfläche) handelt, ist diese Aufgabe viel leichter zu lösen als die Abdichtung zum bewegten Teil, bei der man auf geringste Reibungsverluste achten muß. Meist werden zur Gehäuseabdichtung Kolbenringe verwendet, auch andere Lösungen sind möglich.

Die Dichtfläche am Dichtkörper kann beliebig geformt sein, z. B. zur Erzielung günstiger Öffnung der Steuerquerschnitte trapezförmig (s. Bild 17), sie braucht auch nicht eben zu sein; je nach dem bewegten Teil kann sie gebogen (s. Bild 16) oder kugelig sein, der Dichtrand ist jedoch stets geschlossen und weist keine Stoßfugen auf. Man ist bestrebt, den Dichtkörper so klein wie möglich zu machen, um Wärmeverzug zu vermeiden, seine Bauhöhe wird durch die Abdichtung zum Gehäuse bestimmt, auch sie sollte möglichst gering sein; nur in seltenen Fällen läßt sich der Dichtkörper so niedrig machen, daß er sich der Dichtfläche am bewegten Teil etwas anschmiegen kann. Besondere Gefahr des Wärmeverzugs ist bei gekrümmter Dichtfläche gegeben (s. Bild 16), in diesem Falle ist ein möglichst kleiner Bogenwinkel anzustreben, gegebenenfalls ist die Dichtkörperöffnung in die Breite zu ziehen, um den nötigen Steuerquerschnitt zu bekommen; da auch die Gaskräfte eine Verformung bewirken können, muß der Dichtkörper genügend steif ausgeführt werden. Der Dichtrand darf nicht zu breit sein, auch bei Wärmeverbiegung muß stets der innere Rand anliegen, die Abnützung muß von innen nach außen erfolgen, andernfalls ändern sich die Kraftverhältnisse und die einwandfreie Abdichtung bei geringer Reibung wird infrage gestellt (s. a. Bild 15).

Bei den kleinen Abmessungen der Dichtkörper ist eine besondere Kühlung kaum zu verwirklichen, die Wärme muß vor allem über die Dichtfläche zum bewegten Teil, das natürlich ausreichend gekühlt sein muß, abgeführt werden, auch über die Abdichtung zum Gehäuse kann Wärme abgeleitet werden. Gegebenenfalls ist ein Schutz gegen den unmittelbaren Angriff der Verbrennungsgase vorzusehen.

Bei den Dichtkörpern erübrigen sich belastende oder entlastende Einrichtungen, wenn die Gasangriffsflächen richtig bemessen werden.

Die hierfür notwendigen Erkenntnisse werden im folgenden beschrieben.

2.321 Dichtkörper mit kreisrunder Dichtfläche. Um die Abdichtung zum bewegten Teil auch ohne Beeinflussung durch die Abdichtung zum Gehäuse untersuchen zu können, wurde die Versuchsvorrichtung nach Bild 11 entworfen. Die in ihrer Mitte ausgesparte Dichtscheibe war in Kugel- und Schrägrollenlager gelagert und in ihrer Höhe auf einen be-

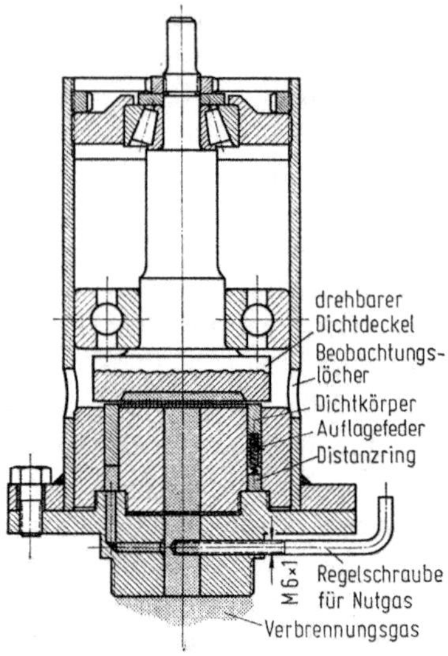

Bild 11. Versuchsvorrichtung für runden Dichtkörper (29. XII. 29).

stimmten Spalt zum Dichtteilträger einstellbar. Der Dichtkörper bestand aus einer langen Hülse von 5 mm Wandstärke, die innen und außen Einpaßdichtung hatte. Zur Erzielung der notwendigen Genauigkeit wurde die Ringnut nicht eingedreht, sondern es wurde der Dichtteilträger aus drei Teilen gefertigt und nach Einlegen eines genauen Distanzringes zusammengeschraubt. Von der Gaszuführungsbohrung in der Mitte des Dichtteilträgers führte eine mit einer feineinstellbaren Regelschraube verschließbare Leitung unter den Dichtkörper, leichte Federn legten diesen an die Dichtscheibe an. Große Löcher im Tragrohr gestatteten eine Beobachtung des Dichtrandes und ermöglichten eine Nachschmierung der Flächen.

Ergebnisse

1. Wenn die Regelschraube die Nutgaszufuhr absperrte, dichtete der Dichtkörper weder Verdichtungs- noch Zünddrücke ab.
2. Bei nur 3/4 Umdrehung der M 6 × 1 Regelschraube war die Abdichtung des Dichtkörpers einwandfrei und der Dichtdeckel sehr

leicht drehbar. Ein 0,1 kW starker Elektromotor genügte, um ihn mit 1400 min^{-1} ohne Drehzahlschwankungen anzutreiben.

3. Ein weiteres Öffnen der Regelschraube konnte die bereits vollkommene Abdichtung nicht mehr verbessern, jedoch zeigte sich zunehmende Reibung bei höherem Gasdruck im Verbrennungsmotor. Die Drehzahlschwankungen des Elektromotors liefen im Gleichtakt mit den Zündungen. Auch hier wird bestätigt, daß die hydraulische Weiterleitung des Gasdrucks am Dichtspalt nur mit niederem Wirkungsgrad erfolgt. Um geringe Reibungsverluste zu erhalten, muß die Gaszufuhr unter den Dichtkörper gedrosselt oder die Gasangriffsfläche genügend klein ausgebildet werden.
4. Wurde der mit Einpaßdichtung versehene Dichtkörper durch einen Dichtkörper mit Spiel an seinem Außendurchmesser und Kolbenringen ersetzt (s. Bild 12), änderte sich an den Abdichtverhältnissen nichts. Es fand weder eine Unterstützung noch Beeinträchtigung statt. Die Anlegefedern konnten entfallen, weil die Ölhaftung am Dichtdeckel ein Abheben verhinderte. Auch die Reibung der Kolbenringe an der Nutaußenwand ließ eine Bewegung des Dichtkörpers über das Nuthöhenspiel hinaus nicht zu. Wenn ein nicht

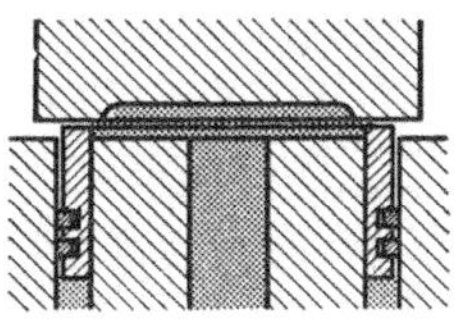

Bild 12. Runder Dichtkörper mit Kolbenringen (10. XII. 29).

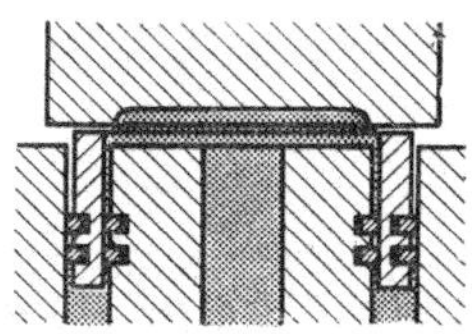

Bild 13. Innen und außen mit Kolbenringen abgedichteter Dichtkörper.

zu großer Dichtspalt vorhanden war, wurde der Dichtkörper durch die durchtretenden Gase an den Dichtdeckel angesaugt; dies war deutlich zu erkennen, wenn man den Dichtdeckel durch eine Glasplatte ersetzte und Preßluft in den Brennraum leitete.
5. Der Dichtkörper konnte innen statt durch Einpassung auch mit Kolbenringen im Gehäuse abgedichtet werden (s. Bild 13), ohne daß sich etwas änderte. Wurde er innen jedoch nicht abgedichtet und mit ausreichendem Spiel zum Gehäuse versehen, dann konnte das Gas durch den Spalt unter den Dichtkörper gelangen, die Regelschraube wurde überflüssig; man ist jetzt allerdings nicht mehr frei in der Bemessung der Dichtkörperwandstärke, sie muß so gewählt werden, daß ausreichende Andrückung an der Dichtfläche bei geringer Reibung am bewegten Dichtdeckel gegeben ist.

Die gewonnenen Erkenntnisse fanden Anwendung bei der DVL-WVW-Drehschiebersteuerung, die vom Verfasser in der Deutschen

Versuchsanstalt für Luftfahrt e. V., Berlin-Adlershof (DVL) bei Flugmotoren zur Betriebsreife entwickelt wurde [2, 3]. Die Dichtkörper sind in Bild 14 dargestellt; für Einlaß wurde Stahl verwendet, um mit dünner Wandstärke zu möglichst großen Steuerquerschnitten zu kommen, für Auslaß dagegen wurde geschmiedetes Dural gewählt, da hier die Steuerquerschnitte kleiner sein konnten. Die Dichtkörper hatten jeweils zwei Kolbenringe, sie waren ohne Schutzsteg dem Verbren-

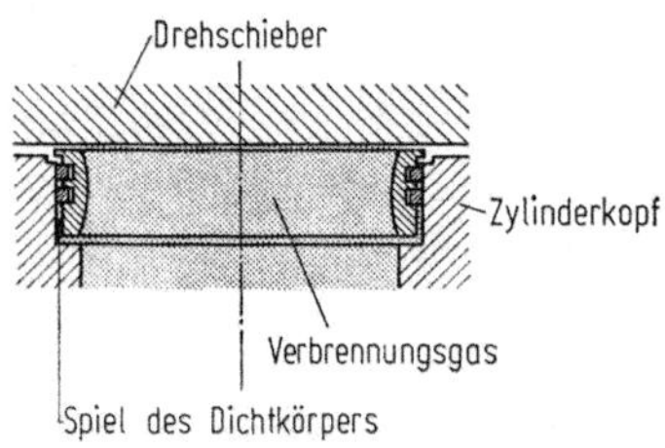

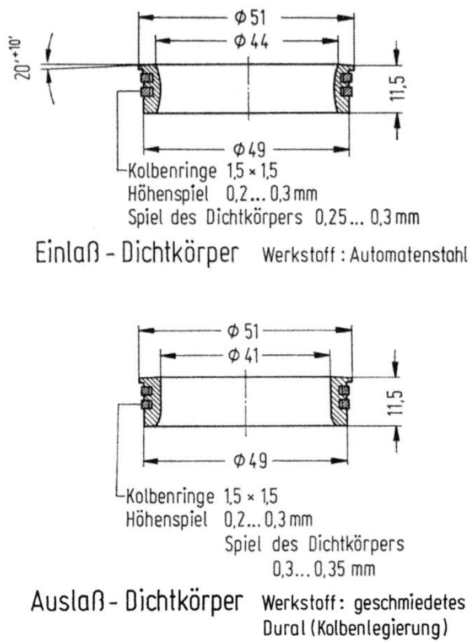

Bild 14. Dichtkörper an DVL – WVW Flachschiebersteuerung (Daimler-Benz- Flugmotor).

nungsgas ausgesetzt, ihre Wärme führten sie zum Flachschieber ab, der selbst ungekühlt jedoch am gut gekühlten Zylinderdeckel lief. Die Gasangriffsfläche war bei beiden Dichtkörpern für die Andrückung an den Drehschieber ausreichend, ohne daß zu hohe Reibung entstand, wie sich im Verschleißverhalten zeigte, denn eine Reibungsmessung ließ sich im Motor natürlich nicht durchführen. Um ein Kippen beim Überlaufen der Steueröffnungen des Drehschiebers zu vermeiden, hatten die Dichtkörper einen kleinen Rand. Die Radialspiele zum Gehäuse und die Höhenspiele der Kolbenringe in ihren Nuten waren recht groß, sie betrugen mehrere Zehntel Millimeter, in Bild 14 sind sie angegeben. Andrückfedern erwiesen sich als überflüssig; bei der Montage wurde ein gewisses Vorstehen der Dichtkörper beachtet, und überdies wurden die Dichtflächen mit Öl benetzt, damit der Motor auch bei niederen Anlaßdrehzahlen die zur Zündung notwendigen Verdichtungsdrücke bekam.

Die bessere Wärmeabfuhr zum Drehschieber verursachte ein gewisses Konischwerden des Dichtkörpers (s. Bild 15) und damit ein Anliegen der Dichtfläche an ihrem Außenrand; die Dichtfläche mußte daher mit ca. 20′ kegelig hergestellt werden, um mit Sicherheit Anliegen am Innenrand zu bekommen.

Unter härtesten Bedingungen bewährten sich die geschilderten Dichtkörper sehr gut, ihre Abnützung war äußerst gering, durch die unterschiedlichen Umfangsgeschwindigkeiten am Drehschieber drehten sie sich und die Dichtflächen läppten sich gegenseitig; der Schmierölbedarf war nur gering, das Öl wurde tropfenweise an der Schieberlagerung zugeführt, es verteilte sich dann durch die Fliehkraft von selbst über die ganze Fläche.

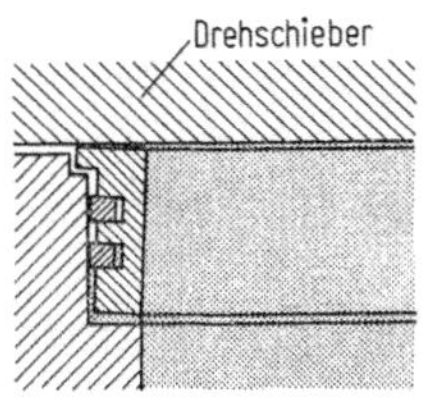

Bild 15. Verformung des Dichtkörpers im Betrieb.

Da ein normaler Kolbenring einen Stoß hat, sind zur Abdichtung zum Gehäuse mindestens zwei Kolbenringe, deren Stoß versetzt einzubauen ist, notwendig. Es ist möglich, mit einem Ring auszukommen, wenn, wie in Bild 44 dargestellt, ein Schloß vorgesehen wird (näheres hierüber s. Abschnitt 2.344). Dieses wäre allerdings sehr klein und schlecht herstellbar gewesen, auch wäre der Dichtkörper beim Drehen behindert worden, so daß das Einlaufen der Dichtflächen und Zerreiben entstehender Ölkohle nicht in gewünschtem Maße eingetreten wäre.

Eine weitere Möglichkeit der Abdichtung des Dichtkörpers gegen das Gehäuse bietet sich durch Anwendung der in Abschnitt 2.323 beschriebenen Bandabdichtung an. Von der Verwendung von Membranen ist abzuraten, weil diese bei den kurzen federnden Längen die Beweglichkeit der Dichtkörper zu sehr beeinträchtigen. Auch die Befestigung der Membranen innen und außen ist schwierig, sie nimmt viel Raum in Anspruch.

2.322 Dichtkörper mit beliebig geformtem Dichtrand und rundem Ansatz zur Abdichtung zum Gehäuse. Um möglichst große Steuerquerschnitte und schnelles Öffnen und Schließen zu bekommen, wird häufig ein Dichtrand gewünscht, der von der runden Form abweicht und rechteckig (s. Bild 16) oder auch beliebig gestaltet ist (s. Bild 17). Der Hals, der zum Gehäuse abdichtet, kann zylindrisch ausgebildet werden, wodurch die Verwendung von Kolbenringen möglich wird, zur Steueröffnung hin verformt sich der Dichtkörper zu der gewünschten

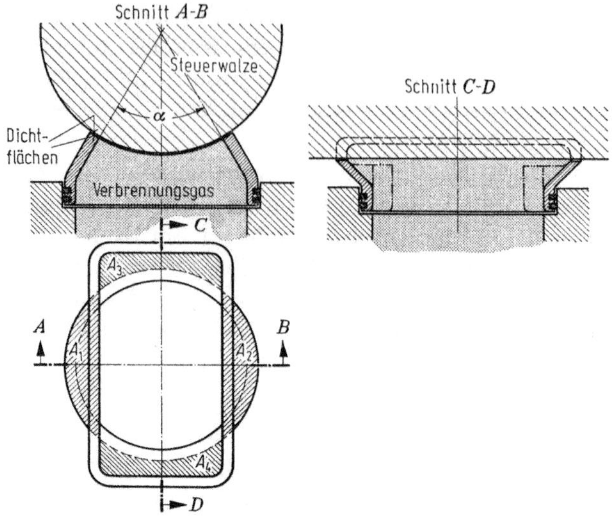

Bild 16. Dichtkörper mit rechteckigem Dichtrand für eine Walzenschiebersteuerung.

Form. Aus den in den vorhergehenden Abschnitten gewonnenen Erkenntnissen leiten sich folgende Bedingungen ab:

1. Die Differenz der dem Gasdruck in andrückender und in abhebender Richtung ausgesetzten Flächen muß so groß sein, daß sich bei geringer Reibung genügende Andrückung des Dichtkörpers ergibt.
2. Der Schwerpunkt der vom Dichtrand umschlossenen Fläche muß auf der Mittellinie des Dichtkörperhalses liegen, damit der Ölfilm auf den Dichtflächen überall gleichmäßig belastet wird.

Diese Forderungen lassen sich anhand der Bilder 16 und 17 leicht erklären. Im ersten Bild ist die Abdichtung eines Walzenschiebers durch einen Dichtkörper dargestellt, der in seinem unteren Teil rund ist und zum Gehäuse mit zwei Kolbenringen abdichtet. Zur Steueröffnung verformt er sich zu einem abgerundeten, in die Breite gezogenen Rechteck. Um möglichst wenig Verformung an seiner geboge-

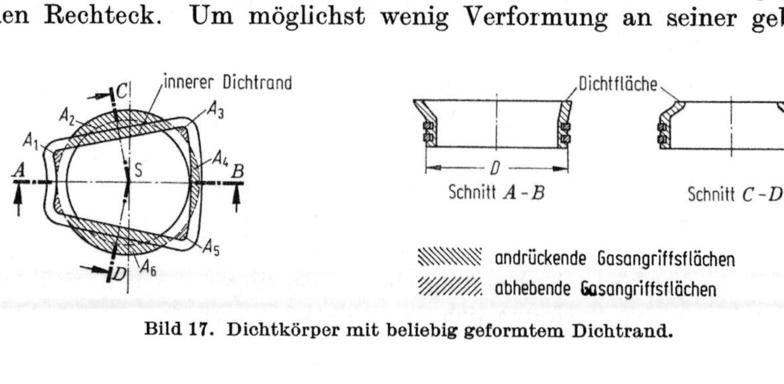

Bild 17. Dichtkörper mit beliebig geformtem Dichtrand.

nen Dichtfläche zu bekommen, ist der Öffnungswinkel α klein gehalten. Die Flächen A_1 und A_2 wirken andrückend auf den Dichtrand, die Flächen A_3 und A_4 dagegen versuchen den Dichtkörper vom Walzenschieber abzuheben. $(A_1 + A_2)$ muß größer als $(A_3 + A_4)$ sein, so daß sich bei geringer Reibung genügend Druck auf die Dichtflächen ergibt; die genauen Abmessungen lassen sich nur experimentell ermitteln. Die Ausbildung der Flächen A_1 bis A_4 ist beliebig, solange ihre Projektion unverändert bleibt und das Verbrennungsgas ungehindert wirken kann, als Beispiel hierfür sind im Schnitt C—D des Bildes 16 die Flächen A_3 und A_4 hochgezogen (— . — strichpunktiert); auch können sie nach innen ragen (— . . — strichpunktiert), die zusätzlichen Abhebeflächen werden durch gleichgroße Andrückflächen unwirksam gemacht. Wegen seiner großen beheizten Flächen ist der Dichtkörper schwierig zu kühlen; ihn mit einem Mantel zu versehen und eine Kühlflüssigkeit herumzuführen, bringt erhebliche Schwierigkeiten vor allem an der Zu- und Ableitung mit sich. Die in Abschnitt 2.345 beschriebene Dichtgrenze ist zur Abdichtung eines Walzenschiebers günstiger.

Bild 17 zeigt einen Dichtkörper für eine Flachschiebersteuerung, der nur noch zur Achse A—B symmetrisch ist. Zum Gehäuse hat er einen zylindrischen Hals mit zwei Kolbenringen, der Dichtrand ist zur Erzielung großer Steuerquerschnitte mit raschem Öffnen und Schließen trapezförmig ausgebildet. Die Flächen $(A_2 + A_4 + A_6)$ müssen wieder um größer als die Flächen $(A_1 + A_3 + A_5)$ sein, um genügende Andrückung zu bekommen. Nur wenn der Schwerpunkt der durch den Dichtrand gebildeten Fläche auf der Achse des zylindrischen Dichtkörperteiles liegt, ist die Dichtfläche gleichmäßig belastet. Wenn man die ganze innerhalb des Dichtrandes liegende Fläche A_D als abhebend und ebenso die ganze Fläche $A_Z = D^2 \pi/4$ als andrückend ansieht, dann heben sich die Flächen $(A_D - A_1 - A_3 - A_5)$ und $(A_Z - A_2 - A_4 - A_6)$ gegenseitig auf; es verbleiben nur die schraffierten Flächen A_1 bis A_6, die somit auch wieder ihren Gesamtschwerpunkt auf der Mittelachse haben.

Auch gänzlich unsymmetrische Dichtkörper sind möglich, wenn sie die obengenannten Bedingungen erfüllen; durch Versuche wurde dies bestätigt.

2.323 Dichtkörper mit Bandabdichtung. Anstelle der Abdichtung des Dichtkörpers zum Gehäuse mittels Kolbenringen bewährte sich auch die in Bild 18 dargestellte Bandabdichtung. Auf der Unterseite des Dichtkörpers und entsprechend im Gehäuse ist ein enger Einstich angebracht, in den zwei 0,15 mm starke Stahlbänder eingelegt sind. Der Gasdruck spreizt diese auseinander, so daß sie auf ihrem Außenumfang im Dichtkörper und im Gehäuse zur Anlage kommen und abdichten, der Dichtkörper kann sich trotzdem achsial bewegen. Der Stoß der Dichtbänder ist versetzt angeordnet — um ein Verschieben zu verhindern, können die Bänder an geeigneter Stelle zusammengepunktet werden —, der freie Querschnitt zum Durchtritt von Gasen ist nur noch gleich der Stoßbreite des Außenbandes mal 0,15 mm, er kann also sehr klein gemacht werden. Da das Gas jetzt nur noch die Unterseite des Dichtkörpers bis zum Band beaufschlägt, muß diese Fläche so bemessen sein, daß ausreichende Andrückung an den Dichtdeckel gegeben ist. Infolge ihrer guten Anlagen im Dichtkörper und Gehäuse und der nur kleinen dem Gas ausgesetzten freien Fläche — beim Durch-

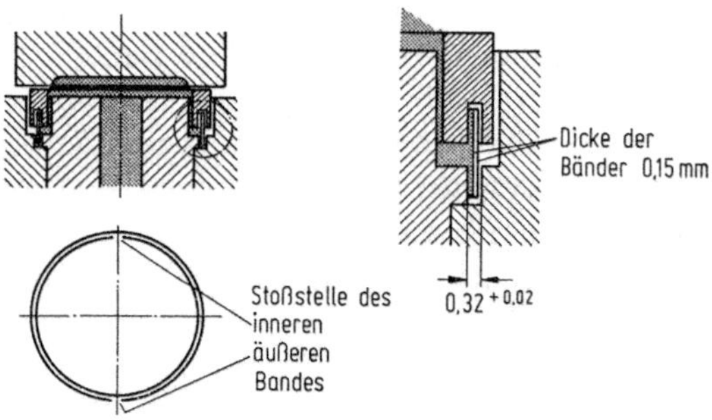

Bild 18. Runder Dichtkörper mit Bandabdichtung (22. II. 36).

strömen durch den Spalt zwischen Dichtkörper und Gehäuse verliert das Verbrennungsgas überdies viel Wärme — halten die Bänder die auftretenden Beanspruchungen ohne Beanstandung aus. Die Bandabdichtung ist im Gegensatz zum Kolbenring nicht an eine runde Form gebunden, in gewissen Grenzen läßt sie sich verformen.

Eine praktische Anwendung mit gutem Erfolg fand die Bandabdichtung beim NSU-Wankel-Drehkolbenmotor, sie verband den Läufer mit Dichtplatten, die die Abdichtung zu den Seitenwänden zur Aufgabe hatten (s. Bild 19 und 20). Im Läufer und in der Dichtplatte sind die Einstiche für die Stahlbänder eingedreht — sie können gedreht werden, weil sie durchlaufen —, Knaggen am Läufer greifen in entsprechende Aussparungen der Dichtplatte ein, sie ist am Innendurchmesser zusätzlich geführt. Die Dichtbänder werden an ihren Enden breiter (s. Bild 19 oben links), dort sind die Einstiche an der Dichtplatte nach außen durchgestoßen. Hierdurch wird das Spiel zum Eckbolzen auf ganzer Breite überbrückt; Eckbolzen und Dichtleiste werden in Abschnitt 2.342 näher behandelt. Die Dichtplatte besitzt Aussparungen, die Breite der Dichtfläche ist in Bild 19 zu erkennen.

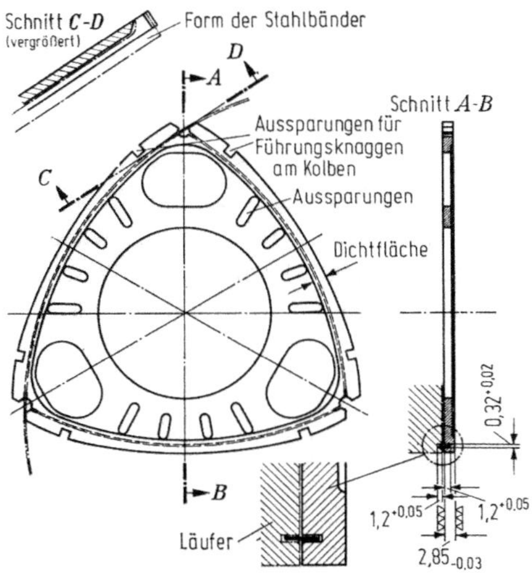

Bild 19. Dichtplatte (15. VI. 58).

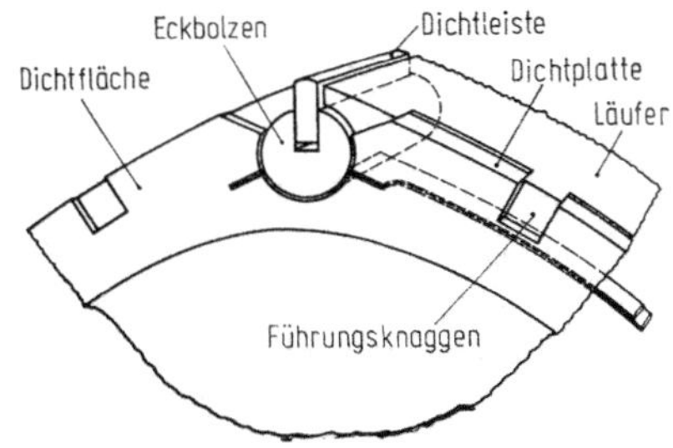

Bild 20. Abdichtung an einer Läuferecke beim Drehkolbenmotor.

2.33 Dichtleiste und Kolbenring

Ein wesentlich kleineres Volumen als der Dichtkörper hat die Dichtleiste, ihr Wärmeverzug ist daher geringer und überdies ist sie anpassungsfähiger. Allerdings hat die Dichtleiste keine geschlossene Dichtfläche, an ihren Enden muß sie abgedichtet werden, z.B. durch eng begrenztes Spiel (Einpaßdichtung) oder durch ein weiteres Dicht-

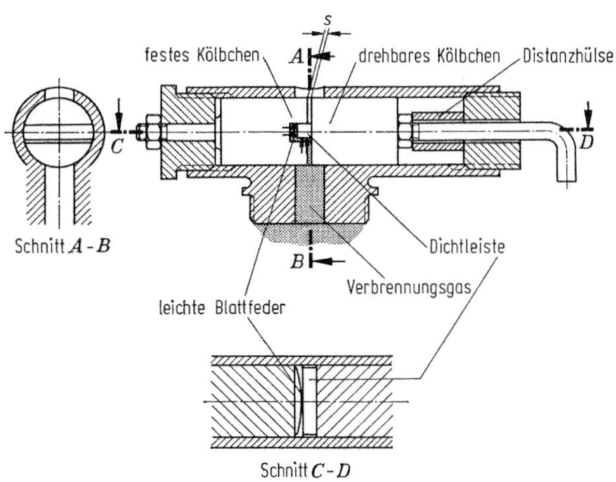

Bild 21. Abdichtung durch Dichtleiste (20. VI. 29).

teil (s. a. Abschnitt 2.34). Als Sonderfall der Dichtleiste ist der übliche Kolbenring anzusehen, er stellt eine gebogene Dichtleiste dar, die Ringenden haben zueinander Einpaßdichtung (Kolbenringstoß).

2.331 Versuche mit Dichtleiste. In das feststehende Kölbchen der Versuchsvorrichtung nach Bild 4 wurde eine Nut eingefräst und in diese eine seitlich zum Gehäuse sorgfältig eingepaßte Dichtleiste eingelegt (s. Bild 21). Zum Nutgrund und zu den Nutseitenwänden wurde ausreichend Spiel vorgesehen, unter die Dichtleiste kam eine schwache Blattfeder. Der Spaltabstand „s" war anfänglich 0,7 bis 0,8 mm, später bis zu 1,5 mm.

Ergebnisse

1. Bei eingeölten Dichtflächen wurde unabhängig von der Spaltgröße „s" einwandfreie Abdichtung bei sehr leichter Drehbarkeit des Kölbchens erzielt. Als Folge der Gasbeaufschlagung auf die Kolbenflächen war eine rhythmische Veränderung des Spaltabstandes zu beobachten, die jedoch auf die Abdichtung keine nachteilige Wirkung hatte.
2. Wurde das Kölbchen nicht bewegt, blieb die Dichtleiste ruhig auf der Dichtfläche liegen, ohne Gas durchzulassen.
3. Bei sehr niederen Drehzahlen (300 bis 400 min^{-1}) ohne Zündung blies etwas Gas ab, offenbar war der Druckanstieg zu gering und der Ölfilm konnte herausgedrückt werden.

In den Spalt zwischen Dichtleiste und Nutwand (Zuströmwand s. Bild 1) dringt das Verbrennungsgas ein und drückt die Dichtleiste an die Gegennutwand (Abströmwand, Rutschdichtfläche); ebenso drückt das Gas auf die Unterseite der Dichtfläche (Schubseite) und bewirkt die Abdichtung gegen das drehbare Kölbchen (Gleitdichtfläche). Der Ölfilm auf der dichtenden Nutwand gestattet eine Bewegung der Dichtleiste, wenn sich der Spaltabstand „s" ändert, ohne daß die Abdichtung gefährdet wird. Die Andrückung über die Wirkflächen der Dichtleiste (s. a. Bild 2) ist stets größer als die Trennkraft an den ölbenetzten Dichtflächen (schlechter hydraulischer Wirkungsgrad, s. a. Abschnitt 2.311, Ergebnis 4).

2.332 Stirnseitig dichtender Ring. Eine gebogene Dichtleiste wird zum Dichtring. In die Versuchsvorrichtung nach Bild 3, jedoch mit in Kugellagern gelagertem und axial geführtem Dichtdeckel, wurde anstelle des tuschierten Dichtrandes ein Dichtring allseitig mit Spiel eingebaut, unter den Dichtring wurden Stahldrahtfedern gelegt (s. Bild 22). Der Ring war zunächst geschlossen, dann wurde er an einer Stelle innen eingesägt und aufgesprengt; hierdurch wird ein besonders kleiner Spalt möglich, auch tritt durch die rauhen Bruchflächen eine gewisse Labyrinthwirkung ein.

Ergebnisse

1. Der geschlossene Dichtring war sehr undicht.
2. Der aufgesprengte Dichtring war gegen Verdichtungs- und Zünddrücke einwandfrei dicht — nur am Stoß bließ er etwas durch —, obwohl er keine Spreizung, d. h. Vorspannung hatte. Der Gasdruck weitete ihn offenbar soweit auf, daß er an der Nutaußenwand anlag; von unten wurde er gegen den Dichtdeckel gedrückt (s. vergrößerte Darstellung in Bild 22). Die Drehbarkeit des Dichtdeckels war sehr

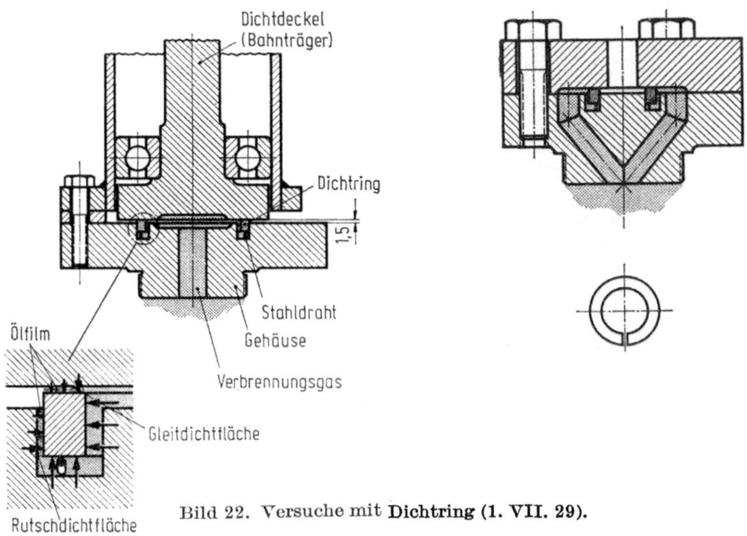

Bild 22. Versuche mit **Dichtring (1. VII. 29).**

gut, da die Andrückung an die Nutwand die Dichtringbewegung hemmte, es trat in gewissem Sinne Fühlhaltung ein. Eine rhythmische Bewegung des Dichtdeckels als Folge der Gasdrücke und Nachgiebigkeit des ganzen Systems (0,5—0,75 mm) beeinflußte die Abdichtung nicht, offenbar konnte der Dichtring genügend folgen.
3. Die stirnseitige Dichtfläche des aufgesprengten Dichtringes muß nicht eben sein, sie kann auch zylindrische oder kugelige Gestalt haben, wie durch einen entsprechenden Versuch bewiesen wurde.

Zum Nachweis, daß der Dichtring auch abdichtet, wenn das Gas von außen auf ihn wirkt, wurde die Versuchsvorrichtung nach Bild 23 hergestellt. Über zwei schräge Bohrungen wurde das Verbrennungsgas zugeführt, der Dichtdeckel war der Einfachheit halber nicht mehr beweglich, sondern fest auf das Gehäuse geschraubt, der Nachweis der leichten Drehbarkeit war ja bereits ausreichend erbracht worden. In der Mitte des Deckels befand sich zur Beobachtung auftretender Undichtigkeit eine Öffnung.

Ergebnis

Wenn der Stoß des Dichtringes genügend groß ist, so daß sich dieser bei Belastung von außen überall an die innere Nutwand anlegen kann, wird einwandfreie Abdichtung erzielt.

2.333 Am Außenumfang dichtender Kolbenring. Beim Kolbenring liegt die Rutschdichtfläche auf einer Stirnseite, die Gleitdichtfläche dagegen am Außenumfang, die Gaskräfte wirken ebenso wie beim stirnseitig dichtenden Ring (s. Bilder 22 und 24). Hinzu kommt die Ring-

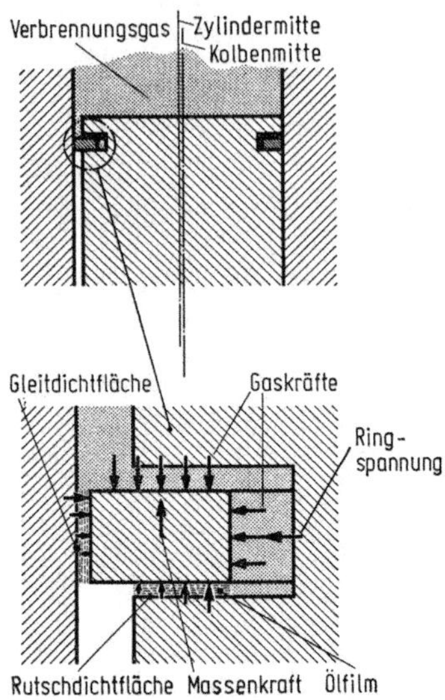

Bild 24. Kräfte am Kolbenring.

spannung, weil der Ring zur Montage übergestreift werden muß. Wird der Kolbenring am bewegten Kolben zur Abdichtung eingesetzt, ist die Ringspannung auch notwendig, damit er beim Seitenwechsel des Kolbens von diesem nicht mitgenommen wird und dann das Gas am Außenumfang übertritt. Weiterhin müssen die Massenkräfte durch die wechselnden Kolbengeschwindigkeiten berücksichtigt werden, diese können größer als die Gaskräfte werden, es entsteht dann das sogenannte Kolbenringflattern.

In Bild 25 ist dieser Vorgang im einzelnen dargestellt. Zunächst liegt der Kolbenring auf der unteren Nutwand (Abströmwand) auf, die Gaskräfte sorgen für die notwendige Andrückung an Nutwand und Laufbahn (siehe Bild 25a). Werden die Massenkräfte so groß wie die Gaskräfte von oben abzüglich der am Ölfilm der unteren Nutwand wirkenden Trennkräfte, dann hebt der Kolbenring ab; zunächst halten

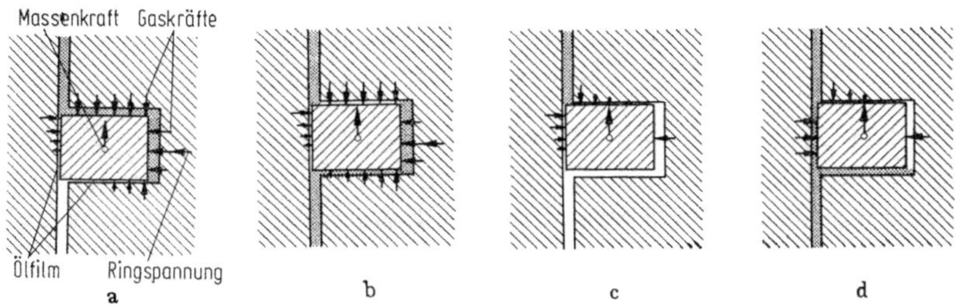

Bild 25a–d. Kolbenringflattern.

ihn die Kräfte in der Schwebe, dabei kommt das Gas auf die Kolbenringunterseite, die Trennkräfte nehmen zu (s. Bild 25b), die Massenkräfte überwiegen erst recht und der Kolbenring kommt an der oberen Nutwand (Zuströmwand) zur Anlage (s. Bild 25c). Er sperrt nun das Gas auf die Ringinnenseite (Schubseite) ab, die Trennkräfte am Ölfilm an der Laufbahn drücken ihn nach innen, die Ringspannung ist zu gering, um dieses zu verhindern, das Gas kann jetzt entweichen (s. Bild 25d). Die beständig wechselnden Gas- und Massenkräfte und die Änderung der Druckverhältnisse bei Undichtigkeit lassen wieder den Zustand Bild 25a entstehen, das Spiel kann erneut beginnen.

Diese Vorgänge wurden von Dykes [4] bestätigt. Durch elektrische Kontakte in der Kolbennut konnte er die Ringbewegungen ermitteln, es zeigte sich dabei auch, daß das Ringflattern am Kolbenringstoß durch Einringeln seinen Anfang nimmt, dort sind die Gaskräfte geringer, und die Andrückung an die untere Nutflanke ist vermindert. Dykes schlug einen L-Ring mit Steg nach oben entsprechend Bild 26 vor, der auch noch beim Abheben von der unteren Nutwand Gas zur Andrückung an die Zylinderlaufbahn bekommt. Eine Besserung, vor allem hinsichtlich Flatterneigung, dürfte bei diesem Ring zu erwarten sein; L-Ringe haben jedoch den Nachteil, daß sie sich gerne schräg stellen, weil ihr Querschnitt unsymmetrisch ist.

Durch Kolbenringe mit geringerer axialer Höhe kann man auf das Flattern Einfluß nehmen, weil dann die Massenkräfte erst bei höherer

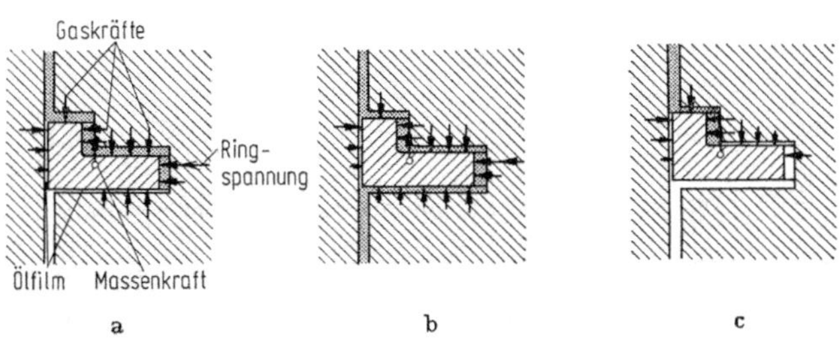

Bild 26a–c. L-Ring nach Dykes (Steg nach oben).

Drehzahl die Gaskräfte erreichen. Das Ringflattern läßt sich bei Leckgasmessungen gut nachweisen; abgesehen vom Gasverlust treten hohe Beanspruchungen und schließlich Brüche des Kolbenringes auf.

2.334 Kolbenringstoß. Durch den Spalt am Kolbenringstoß kann Gas entweichen, der Querschnitt wird gebildet aus der Länge des Stoßes „s“ und dem Abstand des Kolbens von der Laufbahn „a“ (s. Bild 27). Der Durchblasequerschnitt wird vermindert durch folgende

Maßnahmen:

1. Geringes Kolbenspiel im Zylinder.
2. Festlegung des Kolbenringstoßes auf diejenige Kolbenseite, die bei Belastung an der Zylinderlaufbahn anliegt.
3. Scharfe Kanten bei A (s. Bild 27a).
4. Möglichst kleiner Kolbenringstoß.
5. Verwendung von Kolbenringen mit hoher Verschleißfestigkeit; bei Abnützung vergrößert sich der Stoß um $\pi \cdot (D - D')$; D ist der neue, D' der abgenützte Außendurchmesser des Kolbenringes.

Ungünstig ist:

1. Brechen der Nutkanten bei A (s. Bild 27b).
2. Verwendung von L-Ringen mit Steg nach unten (s. Bild 27c); diese werden verschiedentlich zur Verminderung der Gasandrückung vorgeschlagen.

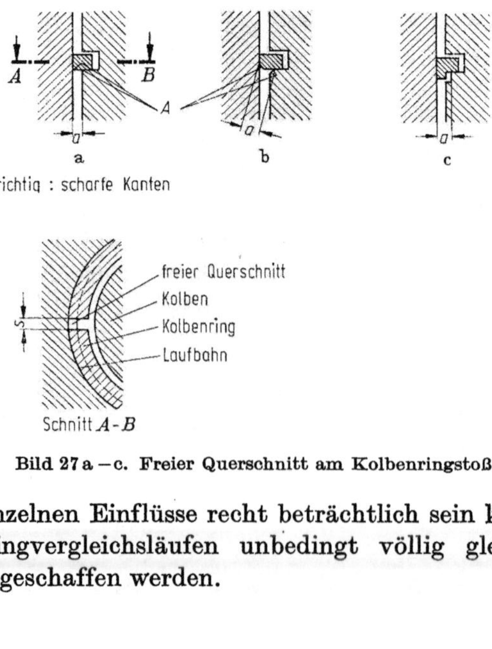

Bild 27a–c. Freier Querschnitt am Kolbenringstoß.

Da die einzelnen Einflüsse recht beträchtlich sein können, müssen bei Kolbenringvergleichsläufen unbedingt völlig gleiche Betriebsbedingungen geschaffen werden.

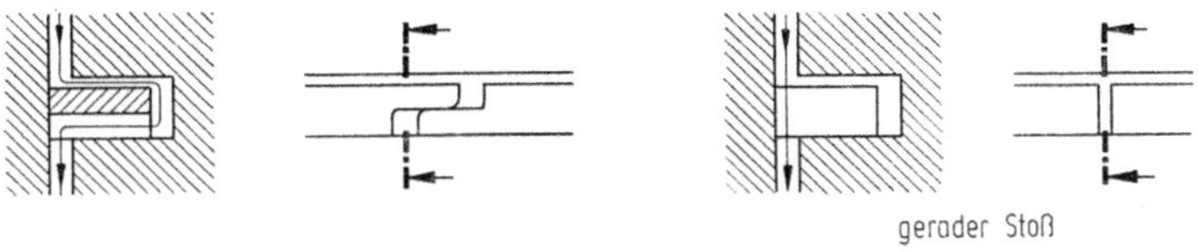

Bild 28. Überlappter und gerader Stoß.

Es ist ohne Bedeutung, ob der Ringstoß gerade, schräg oder überlappt ausgeführt wird, der freie Querschnitt ist stets der gleiche, weil diesen das Gas auch über den Nutgrund erreichen kann (s. Bild 28).

Um hierüber einwandfreie Erkenntnisse zu bekommen, entwickelte Wankel eine besondere Drehtauchglocke, die wesentlich empfindlicher als die üblichen Gasmengenmeßgeräte war.

Nachdem der Einzylinder-Prüfmotor, an dem die Messungen vorgenommen werden sollten, an allen möglicherweise undichten Stellen peinlich genau abgedichtet worden war, wurde der Kolben mit nur einem Kolbenring versehen, um alle Einflüsse ungestört beobachten zu können.

Ergebnisse

1. Die Leckgasmenge zeigte große Schwankungen, ein Zusammenhang mit Leistungs- und Drehzahlabweichungen war nicht zu erkennen.
2. Wurde der Kolbenringstoß festgelegt, blieb die Leckgasmenge nahezu konstant, und zwar in Höhe der vorher aufgetretenen Minimalwerte, wenn der Stoß auf der Seite lag, auf der auch der Kolben bei Auftreten des Zünddruckes an der Zylinderwand anliegt. Befand sich der Stoß auf der Gegenseite des Kolbens, dann lag die Leckgasmenge in Höhe der vorher gemessenen Höchstwerte.
3. Der L-Ring nach Bild 27c zeigte besonders hohe Leckgasmengen.

Wie bereits oben ausgeführt, ist der undichte Querschnitt abhängig vom Abstand des Kolbens von der Laufbahn. Wird der Stoß nicht festgelegt, wandert der Kolbenring mit unregelmäßiger Geschwindigkeit um den Kolben herum und der Gasquerschnitt ändert sich ständig, je nachdem, wie weit er vom Kolben abgedeckt wird.

2.335 Kolbenring mit Bandabdichtung. Ebenso wie ein Dichtkörper kann auch ein Kolbenring eine Bandabdichtung bekommen, sie ist hier sogar besonders günstig, weil sie — wie unten näher erläutert wird — flattersicher ist. Bild 29 zeigt den nunmehr radial eingestochenen Kolbenring und die beiden Dichtbänder; sie wurden mit versetztem Stoß eingebaut, um einen Gaszutritt auf ihre Unterseite zu verhindern. Am Kolbenringstoß hatten sie zu dessen Abdeckung bis zum Kolbenring-Außendurchmesser vorstehende Lappen — der Ein-

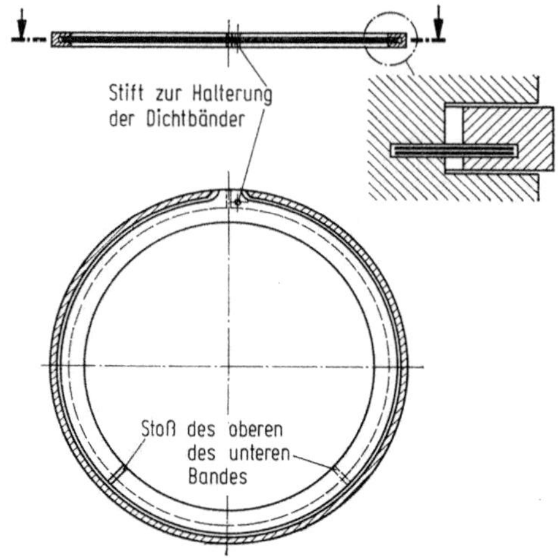

Bild 29. Kolbenring mit Dichtbändern (6. III. 36).

stich im Kolbenring war entsprechend herausgezogen —, am einen Kolbenringende hielt sie ein Stift fest. Um dem Gas genügend Angriffsfläche zu bieten, befand sich die Bandabdichtung nicht in der Kolbenringmitte, sondern darunter.

Zum Studium des bandabgedichteten Kolbenringes baute Wankel die in Bild 30 dargestellte Versuchsvorrichtung. In einem Zylinder, der an seinem Außenumfang den Anschluß für das Verbrennungsgas hatte, befand sich drehbar gelagert ein aus Scheiben zusammengesetzter Körper; auf der einen Seite besaß er einen normalen Kolbenring, auf der anderen den untersuchten mit Bandabdichtung. Einzelne Scheiben ermöglichten eine leichte Herstellung und auch Änderungen der Nut und der Bandaufnahme. Eine umlaufende Aussparung im Mittelstück gestattete den Gaszutritt über den ganzen Umfang; der

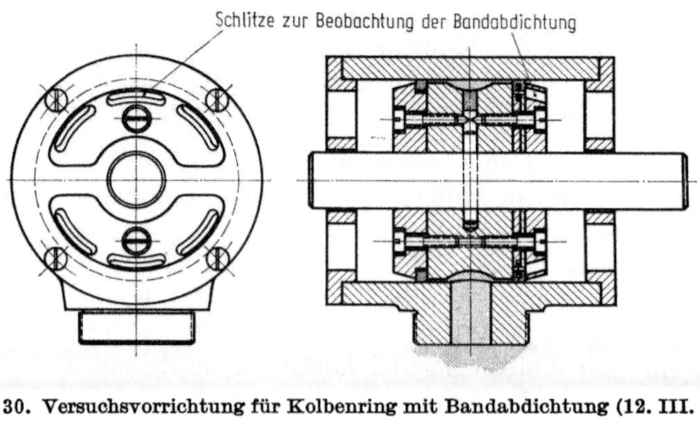

Bild 30. Versuchsvorrichtung für Kolbenring mit Bandabdichtung (12. III. 36).

Abstand des Ringträgers zum Gehäuse war so groß, daß das Gas ungehindert zu den Kolbenringen Zutritt hatte, zur guten Beobachtung der Abdichtung am Außenumfang des Kolbenringes waren die Deckscheiben kegelig gedreht, diejenige des bandabgedichteten Kolbenringes hatte lange Schlitze, die eine mangelhafte Abdichtung sofort erkennen ließen. Es ist zu beachten, daß die äußere Nutseitenwand jetzt nicht mehr geschlossen, sondern weit offen ist.

Ergebnisse

1. Obwohl die Dichtbänder nur 0,15 mm stark waren, durften sie keine Falten oder Wellen haben, der Gasdruck ist nicht in der Lage, sie zu glätten.
2. Wenn die Dichtbänder glatt und eben waren, dichteten sie Verdichtungs- und Zünddrücke einwandfrei ab; ihre Passung in den Einstichen konnte enger als die der Kolbenringe in ihrer Nut sein.

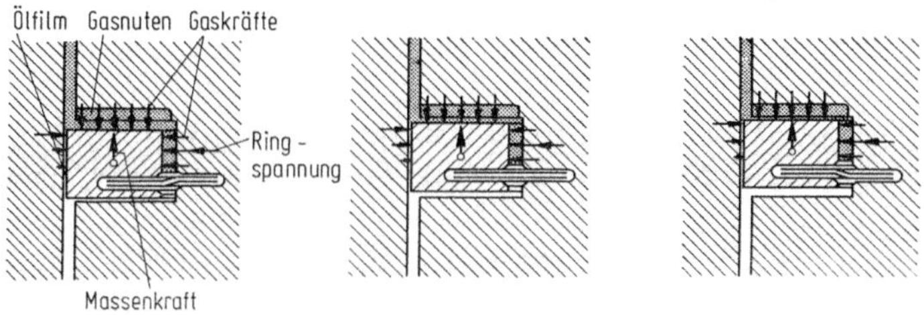

Bild 31a–c. Überwiegen der Massenkräfte beim bandabgedichteten Kolbenring.

Wie oben schon erwähnt, ist der bandabgedichtete Kolbenring flattersicher (s. Bild 31). Wenn die Massenkräfte ein Abheben von der unteren Nutseitenwand bewirken, kann dennoch kein Gas entweichen, die Dichtbänder verhindern dies. Damit selbst bei Anlage an der oberen Nutwand (s. Bild 31c) Gas zum Nutgrund gelangen kann, müssen in der oberen Nutwand oder auf der Ringoberseite Gasnuten angebracht werden. Der bandabgedichtete Kolbenring hat auch die Eigenschaft, daß er kein Öl pumpt, da der Nutgrund abgesperrt ist.

2.34 Dichtgrenze

Die Dichtleiste hat keine geschlossene Dichtfläche, sie schließt an weitere Dichtteile an, bis die Dichtgrenze geschlossen ist. Zur Klärung, ob es genügt, die Dichtleisten durch Passung aneinander zu fügen, wurde die Versuchsvorrichtung des Bildes 22 umgebaut, anstelle des runden Dichtringes wurden 4 mit kleinen Blattfedern angedrückte Dichtleisten vorgesehen (s. Bild 32).

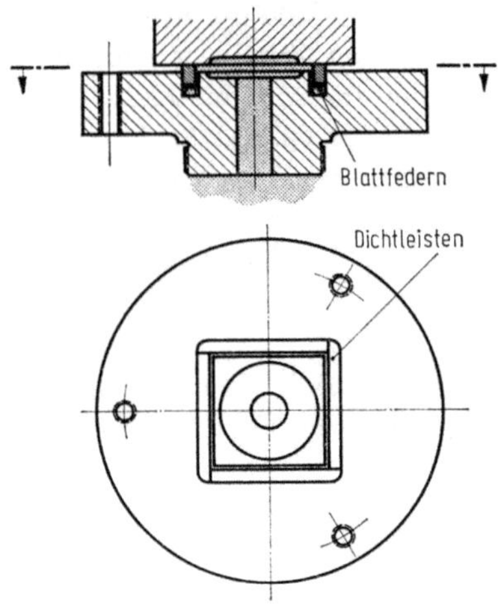

Bild 32. Versuche mit einer Dichtgrenze ohne Eckenabdichtung (2. VIII. 29).

Ergebnisse

Bei Verdichtungsdrücken mäßiges, bei Zünddrücken heftiges Blasen an den vier Ecken. Nicht nur waren die Stoßstellen, die aus Wärmedehnungsgründen eine gewisse Größe haben müssen, undicht, auch an den Rundungen an den Dichtleistenenden befriedigte die Dichtung nicht. Ursache hierfür waren Fertigungsungenauigkeiten, vor allem ließ sich der Übergang von der Rundung in die Nutflanke nicht mit der erforderlichen Genauigkeit herstellen.

Günstigere Verhältnisse wurden bei der Dichtgrenze nach Bild 33 erwartet. Eine in Kugellagern gelagerte Walze — sie könnte das Steuerorgan für eine Walzenschiebersteuerung sein — wurde außen vom Verbrennungsgas beaufschlagt, ein gewisses Spiel zum Gehäuse verhinderte eine Berührung bei auftretender Wärmedehnung. Die

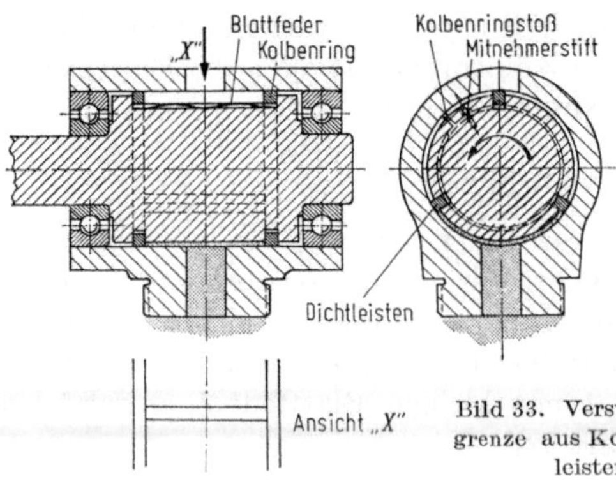

Bild 33. Versuche mit einer Dichtgrenze aus Kolbenringen und Dichtleisten (7. VII. 29).

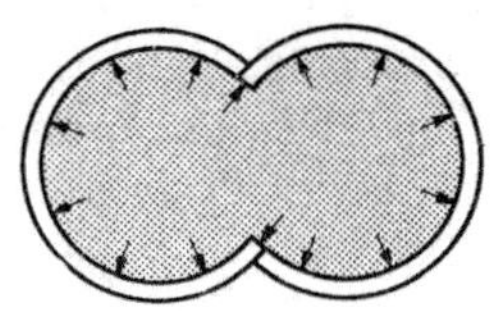

Bild 34. Dichtgrenze aus zwei Bogenstücken (13. XI. 52).

Dichtgrenze wurde durch zwei Kolbenringe, die mittels Stiften jeweils an einem Ende gehalten waren, und drei durch Blattfedern angedrückte Dichtleisten mit Einpaßdichtung gebildet. Das Gehäuse besaß oben eine Öffnung, um Leckgasaustritt beobachten zu können. Es muß nicht nur der Brennraum abgedichtet werden, sondern auch ein Gasübertritt vom Einlaß zum Auslaß verhindert werden, sofern das Steuerorgan beide Öffnungen steuert (s. a. Abschnitt 2.345). Es wäre also auch die dritte Querleiste notwendig, so daß die Versuchsvorrichtung einem in der Praxis vorkommenden Fall weitgehend ähnlich ist.

Ergebnisse

1. Trotz sorgfältiger Herstellung und Einpassung der Dichtteile befriedigte die Abdichtung nicht. An den Stoßstellen der Dichtteile blies Gas ab und es ergab sich auch eine Überbrückung der Dichtung über den verbundenen Nutgrund. Das Gas kann entweder unmittelbar oder über die Dichtleiste zum Kolbenringnutgrund gelangen, dort weiterdringen und zwischen Kolbenring und innerer Nutwand wieder austreten.
   Eine Gitterdichtgrenze muß nicht nur an den Stoßstellen, sondern auch im Nutgrund abgedichtet werden. (s. a. Abschnitt 4.1 und Bild 58)
2. Kolbenringe und Dichtleisten zeigten gute Dichtflächen, sie gaben zu Beanstandungen keinen Anlaß.
3. Es empfiehlt sich, die Stifte zur Kolbenringmitnahme so anzuordnen, daß der Kolbenring bei Drehung der Walze eingeringelt wird und sich nicht aufsperrt (s. a. Bild 33). Eine Beeinträchtigung der Dichtung konnte nicht festgestellt werden.

2.341 Dichtgrenze aus zwei Bogenstücken. Wenn man entsprechend Bild 34 Kolbenringstücke so zueinander anordnet, daß der Gasdruck nicht nur die Dichtteile radial an die Gehäusewand andrückt, sondern auch an einem Ringende tangential wirksam ist, während sich das andere am Außenumfang des zweiten Ringes abstützt, ergibt sich eine geschlossene Dichtgrenze, die trotz freier Ausdehnung der Dichtteile keine undichten Stellen aufweist. Die Herstellung ist recht einfach, jedoch kann man die Form der Brennraumöffnung nicht beliebig gestalten. Um zu verhindern, daß durch die Reibung am Dichtdeckel eine Verschiebung der Dichtteile und damit eine Öffnung des Stoßes eintritt, muß man jeden Ringabschnitt in der Nähe seines Stirndichtflächenendes durch einen Stift mit begrenztem Spiel festlegen. Damit wird auch ein Einringeln bei auftretendem Unterdruck verhindert. Man kann auch leichte Tangentialfedern anbringen, sie dürfen jedoch nicht so stark sein, daß der Gegenring von seiner Nutwand abgehoben wird.

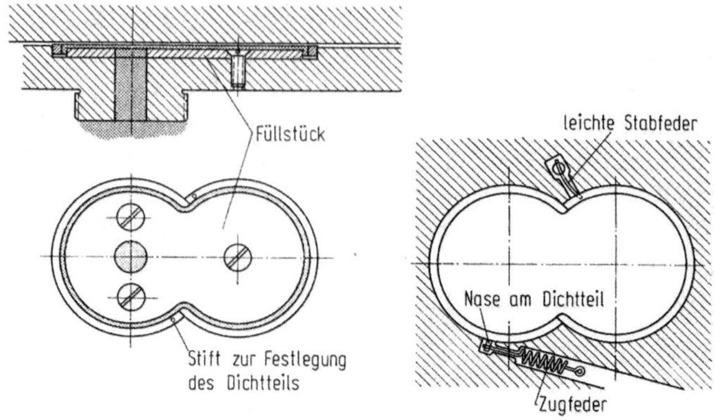

Bild 35. Versuchsvorrichtung für Dichtgrenze aus zwei Bogenstücken.

Zum Nachweis der richtigen Arbeitsweise wurde die Versuchsvorrichtung nach Bild 35 angefertigt; auf der rechten Seite ist eine Ausführung mit Tangentialfedern dargestellt. Gegen Verdichtungs- und Zünddrücke ergab sich eine einwandfreie Abdichtung.

Das gleiche Verfahren läßt sich mit geraden Dichtleisten dann anwenden, wenn der Gasdruck von außen wirkt (s. Bild 36) die Stoßstellen werden hier trotz freier Dehnbarkeit der Dichtteile einwandfrei geschlossen. Wenn der Gasdruck jedoch, wie dies fast immer der Fall ist, von innen kommt, ist eine einwandfreie Abdichtung nicht zu erzielen, an den Enden lassen sich Leckstellen nicht vermeiden.

2.342 Versuche mit Dichtbölzchen. Die gleichen Gesetze, die für Dichtleisten gelten, lassen sich auch bei Dichtbölzchen anwenden. Zur Untersuchung der jeweiligen Vorgänge diente die Versuchsvorrich-

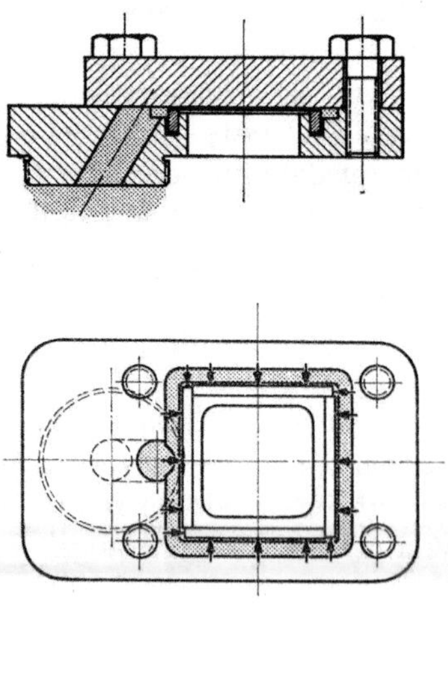

Bild 36. Dichtgrenze gegen Außendruck.

tung nach Bild 37. Der Dichtdeckel war hier nicht mehr beweglich angeordnet, sondern fest mit dem Unterteil verschraubt; in der Dichtfläche befand sich ein zunächst 4 mm breiter und 0,5 mm tiefer, später 8 mm breiter und 1 mm tiefer Nutgraben von der Verbrennungsraumbohrung nach außen, der durch ein über eine Blattfeder angedrücktes Dichtbölzchen abgedichtet werden sollte.

Ergebnisse

1. Bei dem kleinen Nutgraben war das Dichtbölzchen gegen Verdicht- und Zünddrücke einwandfrei dicht.
2. Bei dem großen Nutgraben wurde nur bei kaltem Öl Dichtheit erzielt. Sobald sich das Öl erwärmte, trat Durchblasen ein.

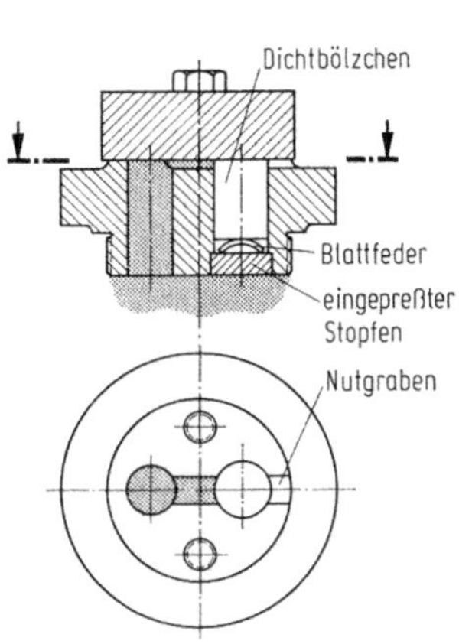

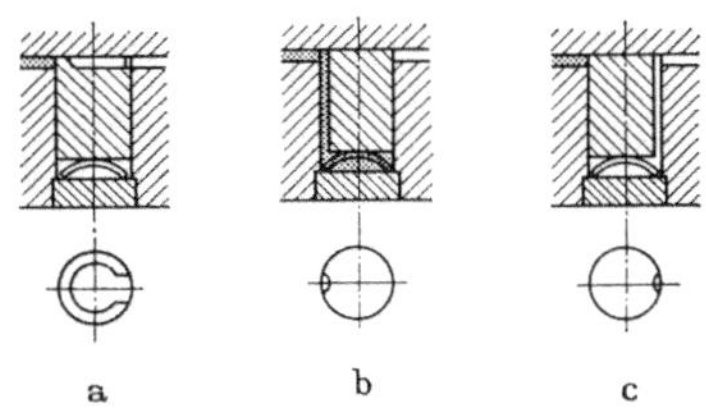

Bild 37 a – c. Versuchsvorrichtung zur Untersuchung von Dichtbölzchen (16. XII. 29).

3. Eine merkliche Besserung trat ein, nachdem die Dichtfläche des Bölzchens auf einen 2,5 mm breiten Rand, der nach außen unterbrochen war (s. Bild 37a), vermindert wurde.
4. Die nach Bild 37b ausgeführte Längsnut am Bölzchen ergab einwandfrei Abdichtung gegen Verdichtungs- und Zünddrücke. Nunmehr konnte das Verbrennungsgas unter das Bölzchen gelangen und die notwendige Andrückung bewirken.
5. Lag die Nut am Bölzchen auf der Abströmseite (s. Bild 37c), war keine Abdichtung zu erzielen. Das Gas konnte entweichen, jegliche Andrückung fehlte.

Das Zusammenwirken von Dichtring und Dichtbölzchen zeigt Bild 38. Hier führte die Dichtringnut durch das Bölzchen hindurch, der Stoß des Dichtringes lag innerhalb des Bölzchens. Diese Ausführung war jedoch nur dicht, wenn die äußeren Nutflanken im Gehäuse und Bölzchen dann fluchteten, wenn der Gasdruck wirkt.

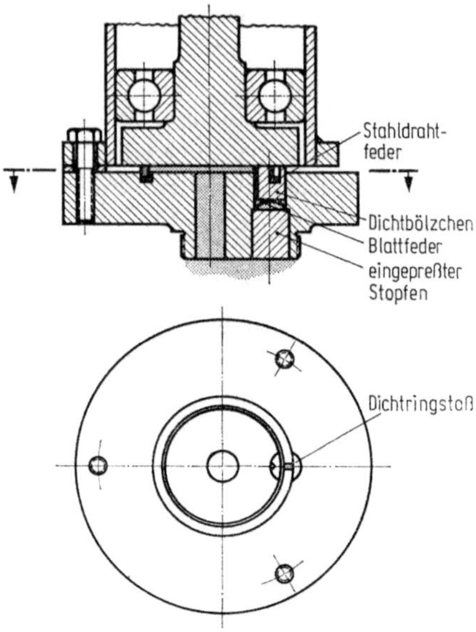

Bild 38. Dichtring mit Dichtbölzchen (9. XII. 29).

Dies wird in Bild 39 näher erläutert, der Dichtring ist hier zum besseren Verständnis durch gerade Dichtleisten ersetzt. In Bild 39a fluchten die Nutflanken, wenn kein Gasdruck herrscht, unter Belastung verschiebt sich das Bölzchen, und es entsteht ein Spalt für den Gasdurchtritt. Auch wenn die innere Nutwand an den Dichtleisten zur Anlage käme, könnte das Gas über den Nutgrund zur Leckstelle ge-

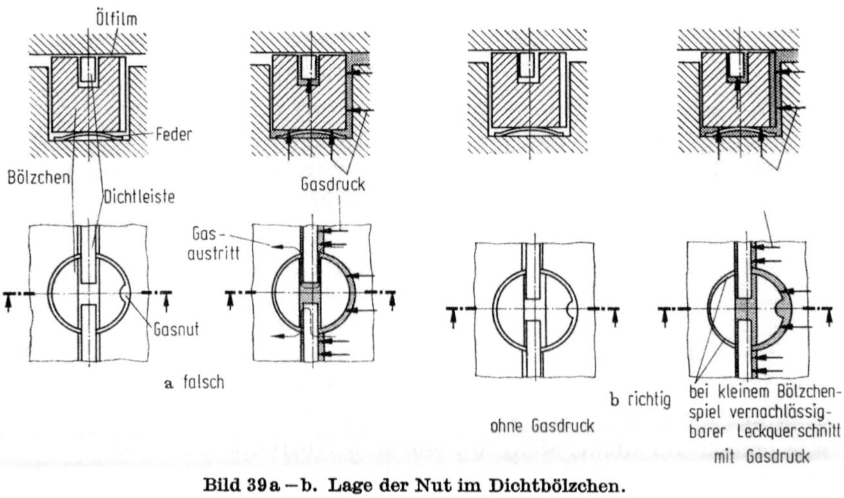

Bild 39a – b. Lage der Nut im Dichtbölzchen.

langen. Bild 39b zeigt die richtige Ausführung der Nut derart, daß die Nutflanken in belastetem Zustand fluchten und ohne Belastung versetzt sind. Man kann dies dadurch erreichen, daß man das Bölzchen bei der Nutherstellung an seine Außenwand andrückt. Der kleine Leckquerschnitt zwischen Bölzchen und Gehäuse am Übertritt der Nutflanken kann vernachlässigt werden, wenn das Bölzchenspiel gering ist

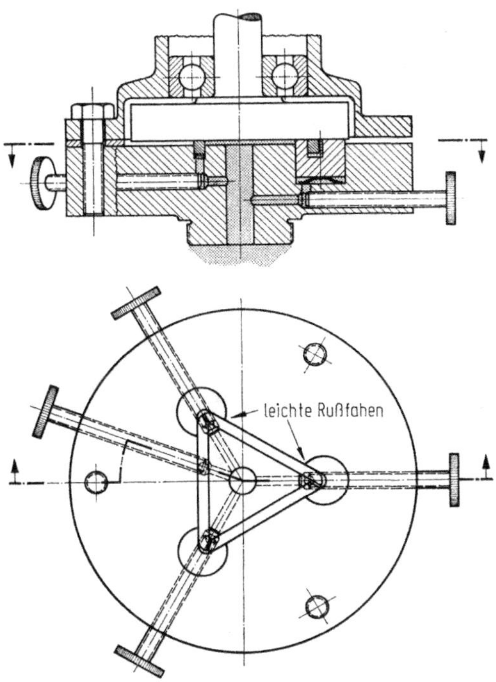

Bild 40. Versuche mit Eckabdichtungen (14. VI. 30).

Die Anwendung der gewonnenen Erkenntnisse bei geraden Dichtleisten und unter besonders ungünstigen Bedingungen, nämlich mit spitzwinkligen Anschlüssen wurde in der Versuchsvorrichtung nach Bild 40 untersucht. Drei Dichtleisten wurden an ihren Stoßstellen durch Bölzchen abgedichtet, leichte Blattfedern sorgten für Anlage an den Dichtdeckel, wenn noch kein Gasdruck vorhanden ist; bei der Bearbeitung der Nuten wurden die Bölzchen durch Schrauben nach außen an das Gehäuse gezogen. Durch besonders sorgfältiges Einpassen der Bölzchen im Gehäuse und der Dichtleisten in ihren Nuten wurde das Eindringen von Verbrennungsgas unter diese verhindert oder wenigstens verzögert, durch Regelschrauben konnte das Gegengas unter den Bölzchen und in der Dichtleistennut gesteuert werden.

Ergebnisse

1. Ohne Gegengas befriedigte die Abdichtung nicht.
2. Mit Gegengas oder nach Nacharbeit der Dichtteile, so daß größere Spiele entstanden, war die Abdichtung gegen Verdicht- und Zünddrücke gut, an den Bölzchen in der Nähe der Nuten traten leichte Rußfahnen auf. Bei dem spitzen Winkel der Dichtleisten mußte dies erwartet werden.
3. Die Nutbearbeitung mit angedrückten Bölzchen hat sich bewährt.
4. Die Ausbildung der Dichtleisten-Enden ist ohne Einfluß auf die Abdichtung.

Es ist nicht notwendig, daß das Bölzchen wie in Bild 41a ausgebildet ist, es kann dieses auch zur Gasseite hin abgeschnitten sein und nur eine Lasche darstellen (s. Bild 41b), die dann nicht höher als die Dichtleiste zu sein braucht (s. a. Bild 43). Auch könnte das Bölzchen oder die Lasche eckig sein (s. Bild 41c und d), die runde Ausführung ist jedoch einfacher herzustellen. Günstig sind die Ecklaschen nach Bild 41e oder f, die letztere ergibt jedoch Schwierigkeiten bei der Fertigung der Gehäuseaussparung, andererseits ist sie etwas elastisch und schmiegt sich an. Zu beachten ist stets, daß die Nutflanken, die abdichten sollen, dann fluchten müssen, wenn Druck auftritt.

In Bild 42 ist gezeigt, daß die Dichtgrenze auch um die Ecke führen kann. Die abgewinkelte Dichtleiste wird vom Gasdruck stets in die Ecke gedrückt, dennoch bleibt die Verbindung zur anschließenden Dichtleiste dicht, der Abstand „a" ist ohne Einfluß.

2.343 Dichtring mit Decklasche. Mit einer ringförmigen Dichtleiste und einer Decklasche kommt man zu einer sehr einfachen Dichtgrenze (s. Bild 43), sie stellt eine Weiterentwicklung der in Bild 38 gezeigten Ausführung dar. Die Dichtleiste muß natürlich gegen Verdrehen ge-

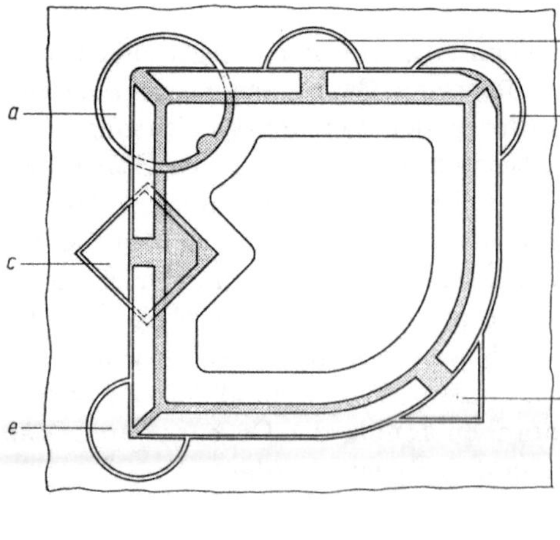

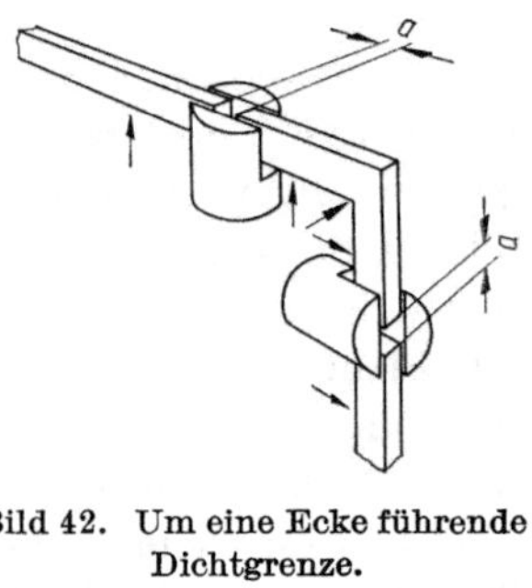

Bild 42. Um eine Ecke führende Dichtgrenze.

Bild 41. Ausführungsarten für Dichtleistenverschlüsse, mit Gasdruck gezeichnet.

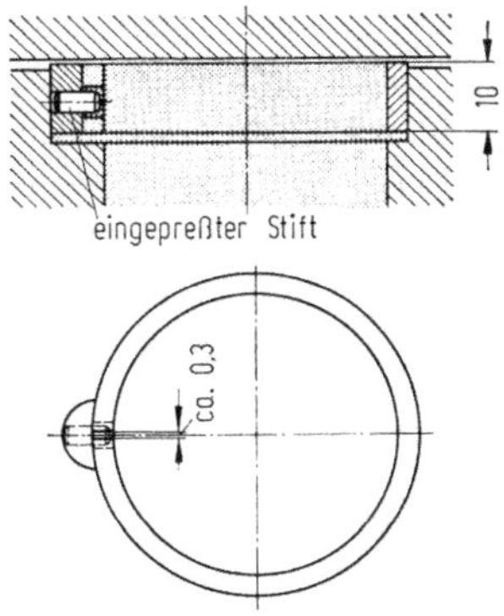

Bild 43. Dichtring mit Decklasche (9. XII. 40).

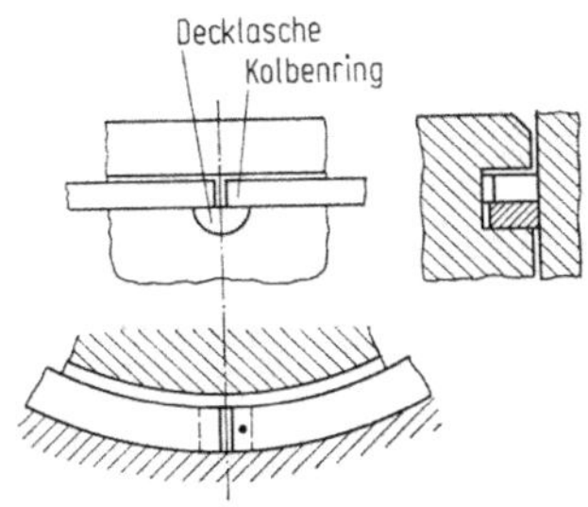

Bild 44. Kolbenring mit Decklasche.

sichert werden, z. B. kann ein Stift in der Decklasche angebracht werden, auch kann der Dichtring an einem Ende mit der Lasche verbunden sein. Gegenüber einem Dichtkörper (nach Bild 14) weist diese Lösung dadurch große Vorteile auf, daß der Wärmefluß zum Gehäuse wesentlich besser ist, der Gasdruck kann die Dichtleiste auf ihrem ganzen Umfang zum Anliegen bringen, während der Dichtkörper nur eine Linienberührung hat; dies wirkt sich besonders dann aus, wenn auf den Schutz der Zuströmseitenwand zur Erzielung möglichst großer Steuerquerschnitte und zur Vermeidung unnötiger Spalte, die sich mit Ölkohle zusetzen können, verzichtet wird. Allerdings entfällt die beim Dichtkörper gegebene Möglichkeit der Drehbarkeit, die sehr gute Dichtflächen bewirkt.

2.344 Kolbenring mit Decklasche. Sinngemäß wie beim Dichtring kann auch der Kolbenring durch eine Decklasche abgedichtet werden (s. Bild 44). Abnützung am Außenumfang beeinflußt die Abdichtung nun nicht mehr, auch ist die Lage des Ringstosses auf die Leckgasmenge ohne Bedeutung; Messungen ergaben nur noch 1/10 bis 1/30 der Durchblasemenge des üblichen Kolbenringes. Hiermit ist auch erwiesen, daß ein einziger Kolbenring genügt, sofern er an seinem Umfang einwandfrei dichtet. Als Nachteil ist anzusehen, daß eine Drehung des Kolbenringes nicht mehr stattfinden kann, wodurch ein Festsetzen durch Ölkohle begünstigt wird.

2.345 Gitterdichtgrenze. Wenn ein Steuerorgan sowohl Einlaß als auch Auslaß steuert, genügt es nicht, nur die Brennraumöffnung abzudichten, weil durch den Spalt zwischen Steuerkörper und Gehäuse Frisch- und Abgase Verbindung haben. Man muß dann eine sogenannte „Gitterdichtgrenze" vorsehen, die so angelegt ist, daß zwischen den beiden Kanälen stets eine Dichtleiste liegt.

In Bild 45 ist die Wirkuugsweise der Gitterdichtgrenze mit den möglichen Druckverhältnissen dargestellt. Um zu vermeiden, daß das Gas über den Nutgrund entweicht (s. a. Abschnitt 2.34 und Bild 33), müssen die Eckbölzchen höher als die Dichtleisten sein, sie werden nach dem Einbringen der Nuten mit Bölzchen versehen und dann auf gleiche Höhe geschliffen. Hierdurch werden die Nuten voneinander getrennt.

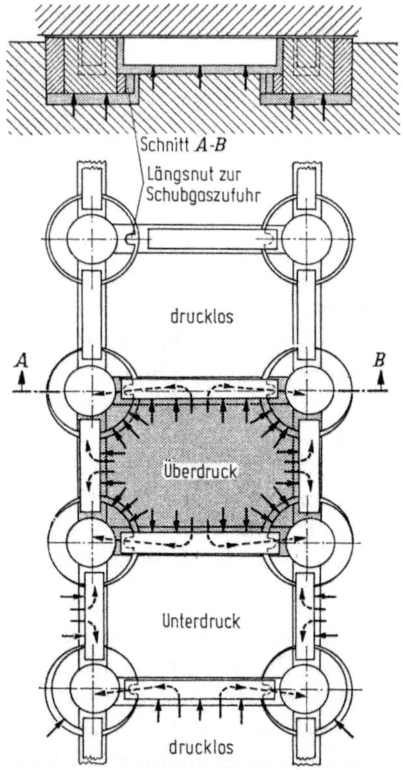

Bild 45. Wirkungsweise der Gitterdichtgrenze.

Um das nötige Schubgas unter die Eckbölzchen zu bekommen, muß die Gaszufuhrnut auf die Seite der Querleisten gelegt werden, sie ist dann immer mit dem Überdruckraum verbunden, ohne daß jedoch Gas entweichen kann, was an anderer Stelle nicht zu vermeiden wäre; man darf nicht außer Acht lassen, daß der Druck in den einzelnen Feldern der Gittergrenze beständig wechselt.

Die Bilder 46 und 47 zeigen verschiedene Ausführungsarten der Gitterdichtgrenze bei einer Walzenschiebersteuerung — sinngemäß ist sie natürlich auch bei einem flachen Schieber anwendbar —, und zwar

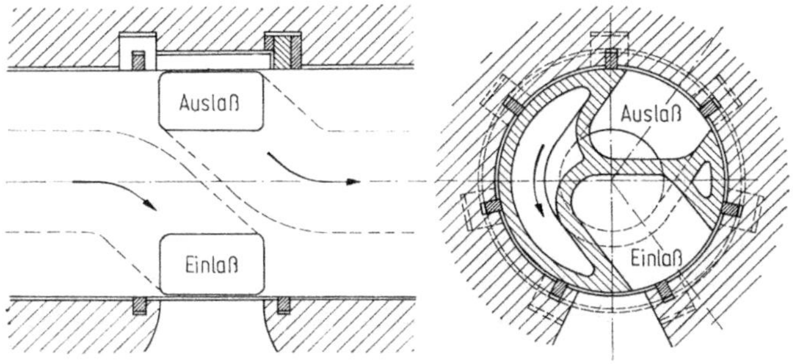

Bild 46. Gitterdichtgrenze im Gehäuse für eine Walzenschiebersteuerung.

befindet sie sich im einen Fall ruhend im Gehäuse, im anderen ist sie im Walzenschieber untergebracht und läuft mit um. Die ruhende Ausführung hat den Nachteil, daß sie sich schwer herstellen und montieren läßt — die gebogenen Dichtleisten müssen an ihren Enden abgeschrägt werden, damit sie überhaupt zwischen die Bölzchen eingeführt werden können —, jedoch den Vorteil, daß die Brennraumöffnung von der Dichtgrenze eng umschlossen ist, auch treten keine Fliehkräfte auf. Bei der umlaufenden Dichtgrenze kommt man meist mit wesentlich weniger Dichtteilen aus, jedoch können Verbrennungsgase in den Spalt zwischen Schieber und Gehäuse eindringen, die Dichtteile befinden sich im heißeren Bauteil, auch können die Fliehkräfte nachteilige Wirkung haben. Die Gitterdichtgrenze ist hier auch nötig, wenn das Steuerorgan nur eine Öffnung hat, weil diese und die Brennraumöffnung stets abgedichtet sein müssen.

Zur Untersuchung der Gitterdichtgrenze wurde ein Motorradmotor mit stehenden Ventilen zusätzlich mit einem Walzenschieber versehen. Dieser hatte eine Einlaßsteueröffnung und einen eigenen Vergaser, so daß mit doppeltem Einlaß oder bei stillstehendem bzw. steueröffnungslosem Schieber wie üblich gefahren werden konnte. Die Gitterdichtgrenze befand sich ruhend im Gehäuse, sie war um die

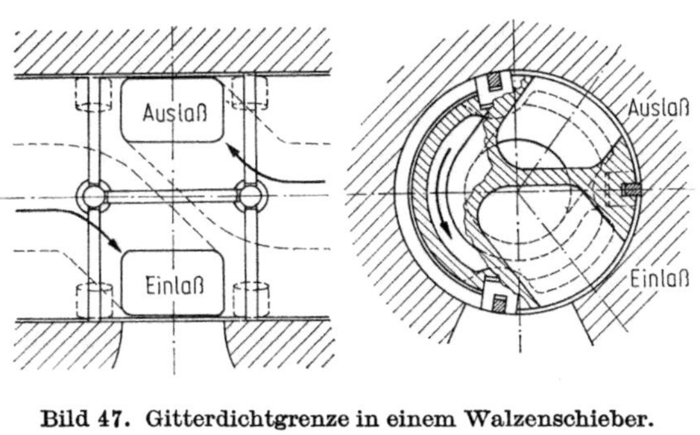

Bild 47. Gitterdichtgrenze in einem Walzenschieber.

Brennraumöffnung dreifach ausgeführt, von den einzelnen Feldern führten Leitungen in wassergefüllte Meßgläser, so daß eine getrennte Bestimmung des Leckgases an den einzelnen Dichtteilen möglich war.

Ergebnisse

1. Mit steueröffnungsloser, jedoch drehender Walze ergaben sich äußerst geringe Leckgasmengen hinter der ersten und zweiten Dichtgrenze, nachdem die Dichtteile sehr sorgfältig eingepaßt worden waren. Hiermit ist bewiesen, daß auch eine mehrteilige Dichtgrenze dichter als der Stoß beim Kolbenring sein kann. Mit Steueröffnung können Leckgase nicht gemessen werden, weil einzelne Zonen immer wieder Außenanschluß bekommen.
2. Solange die Steuerwalze aus üblichem Perlitguß bestand, ergab sich erhebliche Abnützung; nachdem sie einen Nitrierstahlmantel bekommen hatte, blieb der Verschleiß auch bei sparsamer Schmierung gering.
3. Bei der mehrfachen Dichtgrenze ergab sich überraschenderweise, daß jeweils nur die innere oder äußere Dichtgrenze blank blieb, die andere dagegen schwärzte sich und arbeitete offensichtlich nicht mit, es fehlte im Gegensatz zu Kolbenringen die nötige Differenz von Außen- und Innendruck.
4. Die Drehrichtung der Walze hatte keinen Einfluß auf die Abdichtung. Während die Dichtleisten vor der Brennraumöffnung durch die Walze mitgenommen und von ihrer Nutflanke abgehoben werden können, werden sie nach der Brennraumöffnung an ihre Nutflanke angedrückt.
5. Auch ohne Federn im Nutgrund arbeiteten die Dichtleisten einwandfrei, sofern sie so ausgeführt waren, daß sie sich nicht mehr als 0,1 mm von der Walze entfernen konnten.
6. Auch mit 1 mm starken Querleisten in 2,5 mm breiter Nut startete und lief der Motor einwandfrei, der Gasdruck legte die Leisten offenbar an ihre Nutseitenwand an.

Versuche an einem Flugmotoren-Einzylinder mit Walzenschieber und umlaufender Dichtgrenze ließen deren Nachteile nur unbedeutend in Erscheinung treten. In das Schiebergehäuse, das allerdings aus Nitrierstahl gefertigt worden war, arbeiteten die Bölzchen und Bogenleisten nur schwach spürbare Laufrinnen ein, die Querdichtleisten führten dagegen zu keiner Abnützung; der Verschleiß des Leichtmetall-Walzenschiebers war nur sehr gering.

2.346 Herstellung und Bemessung der Eckendichtung. Wie in Abschnitt 2.342 dargelegt wurde, müssen die Eckbölzchen oder Decklaschen bei der Bearbeitung der Nutwand, an der die Dichtleisten anliegen, so an das Gehäuse angedrückt werden, wie es später der Gasdruck bewirkt. Bei einer Serienfertigung ist es durch entsprechende Einrichtungen möglich, die Dichtteile einzeln und somit austauschbar zu fertigen. Für Versuche ist dies jedoch nicht möglich.

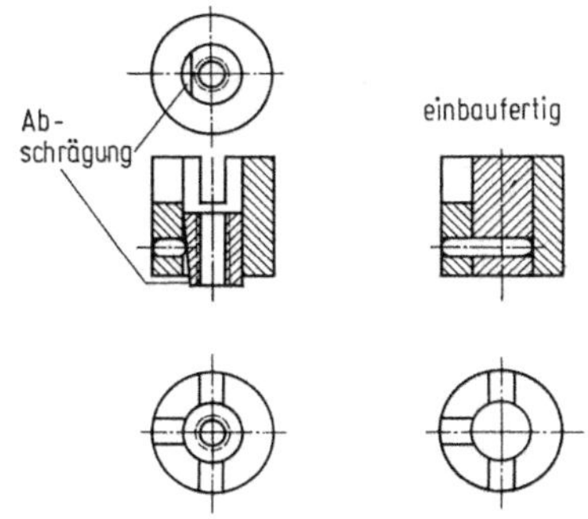

Bild 48. Herstellung der Eckabdichtung.

Während man sich bei Decklaschen durch sorgfältiges Einpassen helfen muß, kann man bei Bölzchen gemäß Bild 48 vorgehen. Im unteren Teil des Bölzchens wird eine Bohrung für einen Stift vorgesehen, dieser wird durch ein abgeschrägtes, mit Innengewinde versehenes Bölzchen herausgedrückt. Nach Herstellung der Nuten werden die Teile herausgezogen und das endgültige Bölzchen kann eingedrückt werden, ein Stift mag zur Höhenfixierung dienen. Schließlich ist noch die gemeinsame Bearbeitung der oberen Stirnfläche vorzunehmen. Sollte die Andrückung des Bölzchens bei der Bearbeitung der Nuten stärker gewesen sein als später beim Auftreten des Gasdrucks, ist eine Nacharbeit leicht möglich, während eine solche an der Nutseitenwand im Gehäuse große Schwierigkeiten bereiten würde.

Die Bemessung der Bölzchen wird dadurch bestimmt, daß genügende Dichtbreiten s_2 und s_3 vorhanden sein müssen (s. Bild 49), s_1, s_2 und s_3 sollten ähnliche Werte aufweisen. Bei der Gitterdichtgrenze kann

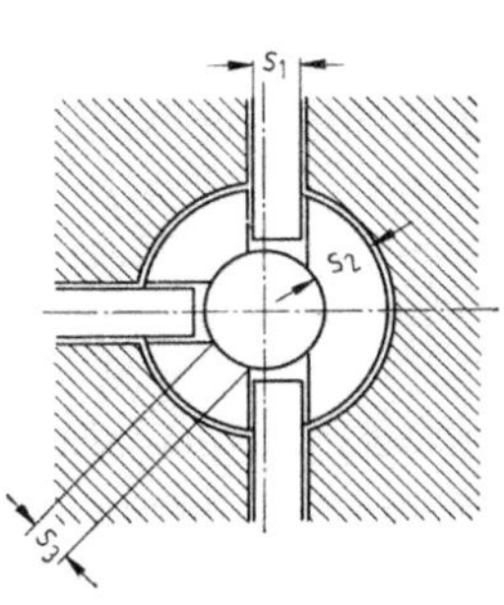

Bild 49. Bemaßung der Dichtbölzchen.

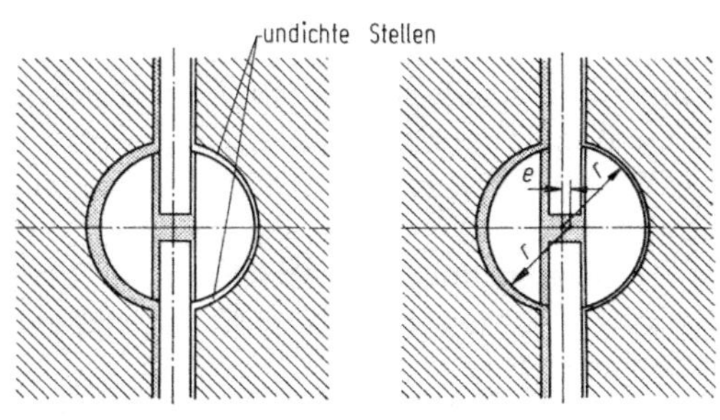

Bild 50a – b. Kreisrundes und unrundes Bölzchen.

man, wie in Bild 49 dargestellt, auch die Bolzenmitte zur Dichtleiste etwas versetzen, um s_3 günstiger zu bekommen. Bölzchen bis herunter auf 4 mm ⌀ bei 1,5 mm Dichtleistenbreite wurden schon ausgeführt. Bei Gitterdichtgrenzen dürften 6 mm ⌀ kaum zu unterschreiten sein.

In Abschnitt 2.342 wurde bereits gezeigt, daß an den Anschlußstellen zu den Nuten im Gehäuse Leckstellen entstehen; sie sind vernachlässigbar, wenn das Bölzchenspiel klein ist. Um das Spiel mit Rücksicht auf Verbrennungsrückstände ausreichend groß wählen zu können, ohne Leckstellen zu bekommen, kann man entsprechend Bild 50b unrunde Bölzchen verwenden. Sie liegen satt am dichtenden Umfang an, trotzdem ist genügend Spiel vorhanden.

3. Einteilung der Rotationskolbenmaschinen

„Kolbenmaschinen" werden alle Maschinen genannt, deren Arbeitsraum starre Wände hat, von denen mindestens eine so bewegt wird, daß sich ein veränderliches Volumen ergibt. Man unterscheidet zwischen Maschinen mit umkehrender Bewegung (Hubkolben) und weitergehender Bewegung (Rotationskolben). Die Möglichkeiten der Arbeitsraumbildung sind bei Hubkolbenmaschinen nur beschränkt, dagegen gibt es bei Rotationskolbenmaschinen eine außerordentlich große Zahl von Varianten.

Felix Wankel hat ein Einteilungssystem ausgearbeitet [5], das es gestattet, schnell eine neue vorgeschlagene Bauart zu identifizieren und zu zeigen, ob es diese bereits gibt, und welche Varianten noch möglich sind. Für alle, die an Rotationskolbenmaschinen arbeiten, ganz besonders für die Patentämter ist Wankel's Einteilung von sehr großem Nutzen. Im folgenden wird das wesentliche des Systems beschrieben.

3.1 Begriffsbestimmungen

Das die Leistung übertragende Teil ist der Kolben, Läufer oder Kolbenläufer, allgemein das *Leistungsteil*; in den Bildern wird dieses durch Raster (rot)[1] gekennzeichnet.

Die *Außenwände des Arbeitsraumes* werden, sofern sie ruhen, durch schwarze Fläche (schwarz) dargestellt; wenn sie sich bewegen, heißen sie *Absperrteil* und sind schräg schraffiert (blau).

Ein Teil, das abwechselnd Leistungsteil und Absperrteil ist, hat Schrägschraffur mit Raster (violett als Mischfarbe von rot und blau). *Kurbeln* sind durch Kreuzschraffur (gelb) und *Dichtteile* durch waage-

[1] In Klammer sind die von Wankel in [5] gewählten Farben angegeben, sie lassen die jeweilige Funktion der Bauteile besonders deutlich erkennen.

rechte Schraffur (grün) erkenntlich. Man sieht sofort, welche Funktion ein Bauteil hat, und ob es ruht oder sich bewegt.

3.2 Bauarten

Wankel geht vom Schwerpunktverhalten der bewegten Teile aus (s. a. Bild 51):

a) *Hubkolbenmaschinen* (abgekürzt HKM): Das Leistungsteil hat eine umkehrende Bewegung, sein Schwerpunkt geht auf einer geraden oder auch gekrümmten Bahn hin und her.

b) *Drehkolbenmaschinen* (abgekürzt DKM oder D): Diese haben gleichförmig um feste Achsen drehende Teile, die in sich auswuchtbar sind, die Lager haben keine Fliehkraftbelastung.

c) *Kreiskolbenmaschinen* (abgekürzt KKM oder K): Sie haben nur gleichförmig bewegte Teile, mindestens eines davon kreist, d. h. sein Schwerpunkt läuft auf einem Kreis um und dreht sich dabei. Eine

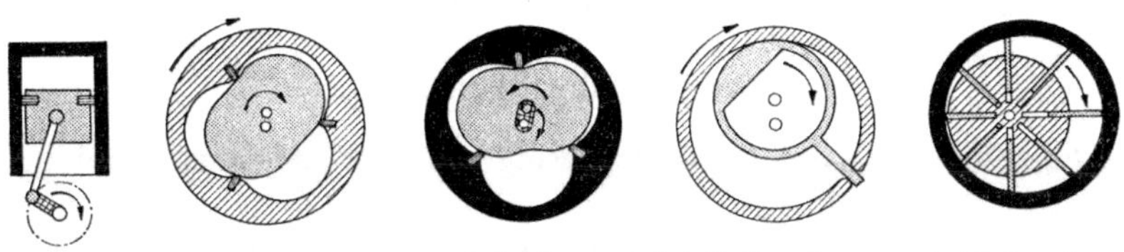

a Hubkolbenmaschine b Drehkolbenmaschine c Kreiskolbenmaschine d drehkolbenartige Umlaufkolbenmaschine e kreiskolbenartige Umlaufkolbenmaschine

Bild 51a – e. Bauarten.

Auswuchtung durch außen liegende Gegengewichte ist möglich, die Lager sind jedoch durch Fliehkräfte belastet.

d) *Drehkolbenartige Umlaufkolbenmaschinen* (abgekürzt DU): Mindestens ein Teil dreht sich ungleichförmig.

e) *Kreiskolbenartige Umlaufkolbenmaschinen* (abgekürzt KU): Mindestens ein Teil dreht oder kreist ungleichförmig.

3.3 Lage der Drehachsen

Die Rotationskolbenmaschinen lassen sich nach der Lage ihrer Drehachsen einteilen in:

a) innenachsige Bauarten (Bild 52a),

b) außenachsige Bauarten (Bild 52b),

c) mittelachsige Bauarten; diese sind durch Zusammenfallen der Achsen bei Umlaufkolbenmaschinen möglich (s. Bild 53).

Bei allen bekannt gewordenen Maschinen sind die Achsen parallel, winkel- oder geschränktachsige Bauarten sind jedoch auch denkbar.

a innenachsige Kreiskolbenmaschine   b außenachsige Drehkolbenmaschine

Bild 52 a – b. Innen- und außenachsige Maschinen.

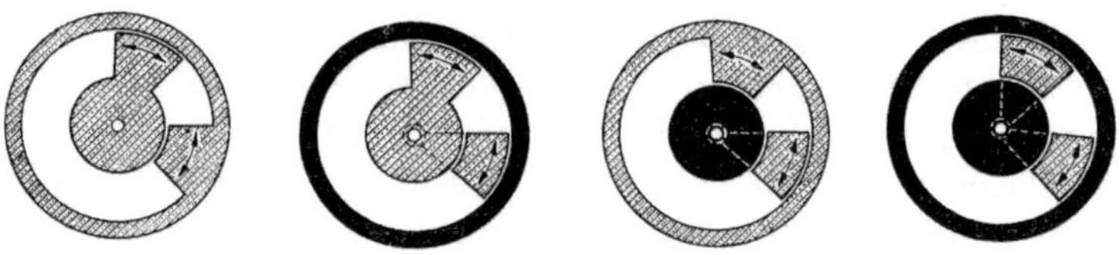

a b c d

Bild 53 a – d. Mittelachsige Maschinen.

3.4 Eingriffsarten

Es gibt 5 Grundarten des Eingriffs der arbeitsraumbildenden Körper:

Hubeingriff, *Kreiseingriff*, *Kämmeingriff*, *Schlupfeingriff* und *Gegeneingriff*. Hierzu kommen Kombinationen wie z. B. Kreis- und Hubeingriff oder Abwandlungen wie z. B. Kreis- oder Kämmeingriff-ähnlich.

3.41 Hubeingriff

Der Hubeingriff ist nur bei Kreiskolben- und Kreiskolben-artigen Umlaufkolbenmaschinen möglich. Das Leistungsteil bewegt sich hubartig zum Absperrteil, dennoch gibt es keine hin- und hergehenden Bewegungen, die Schwerpunkte der Teile bleiben liegen oder kreisen. Eine Kreiskolbenmaschine mit Hubeingriff zeigt Bild 54a. Diese Bauart darf nicht mit dem früher einmal gebauten Gnôme et Rhône-Umlaufmotor verwechselt werden (s. Bild 55), bei ihm lag der Kurbeldreh-

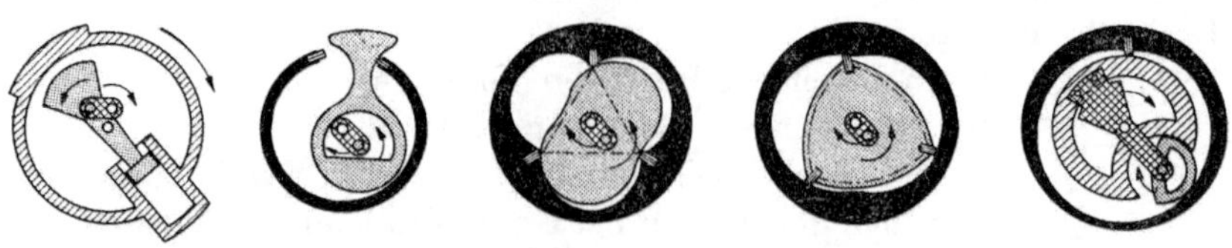

a Hubeingriff $n_L = 1/2\, n_K$, $n_A = 1/2\, n_K$ b Kreiseingriff $n_L = n_K$ c Kämmeingriff $n_L > n_K$ d Schlupfeingriff $n_L < n_K$ e Gegeneingriff $n_L \neq n_K$

Bild 54 a – e. Eingriffsarten.

punkt in der Mitte des Zylindersterns und das Pleuel war im Kolben schwenkbar; trotz seiner gleichförmig bewegten Zylinder war es ein Umlaufkolbenmotor. Bei der Kreiskolbenmaschine mit Hubeingriff fehlt das Gelenk am Kolbenbolzen, die Verbindung zur Kurbel ist starr, die Teile bewegen sich gleichförmig.

Bild 55. Prinzip des Gnôme et Rhône-Flugmotors.

3.42 Kreiseingriff

Beim Kreiseingriff führen alle Punkte der bewegten Teile zueinander parallele Kreise aus, zusätzliche Dreh- oder Schwingbewegungen fehlen; ein Beispiel für eine Kreiskolbenmaschine mit Kreiseingriff ist in Bild 54b dargestellt. Da für eine ungleichförmige Bewegung keine Veranlassung besteht, kommt dieser Eingriff nur bei Dreh- und Kreiskolbenmschinen, jedoch kaum bei Umlaufkolbenmaschinen vor.

3.43 Kämmeingriff

Der Kämmeingriff entspricht einem üblichen Zahnradeingriff, die Drehzahl des Leistungsteils verhält sich zur Drehzahl des Absperrteils, bzw. der Kurbel wie die Zahl der Aussparungen im Gehäuse zu den Kolbenecken entsprechend einem Zahnrad, das in einem innenverzahnten Zahnrad läuft. Das Beispiel des Bildes 54c ist eine Kreiskolbenmaschine mit Kämmeingriff der Übersetzung 3:2, d. h. die Kurbel dreht sich mit 2/3 des Kolbens.

3.44 Schlupfeingriff

Im Gegensatz zum Kämmeingriff bewegt sich beim Schlupfeingriff das Leistungsteil langsamer als das Absperrteil, bzw. die Kurbel, die Kolbenecken, „schlupfen“ an der Laufbahn entlang. Das Beispiel der Abb. 54d zeigt eine Kreiskolbenmaschine mit Schlupfeingriff der Übersetzung 2:3, d. h. das Gehäuse hat 2 Aussparungen, der Kolben 3 Ecken. Wenn sich die Kurbel 3 mal dreht, dreht sich der Kolben relativ zu dieser 2 mal und zwar entgegengesetzt, d. h. 1 mal im Kurbeldrehsinn. Nach diesem System arbeitet der einzige Rotationskolbenmotor, der Betriebsreife erlangte, er ist unter dem Namen „Wankelmotor“ allgemein bekannt geworden.

3.45 Gegeneingriff

Beim Gegeneingriff bewegt sich das Leistungsteil entgegen der Drehrichtung, wie sie sich beim Abrollen ergeben würde, d. h. mit sehr hoher Relativgeschwindigkeit zur Kurvenbahn. Das Leistungsteil hat eine beliebige ganzzahlige Übersetzung zum Absperrteil- bzw. zur Kurbel. Bild 54e zeigt als Beispiel eine Kreiskolbenmaschine mit Gegeneingriff.

Auf die möglichen Kombinationen oder Abwandlungen einzugehen, erübrigt sich, da sie für den Motorenbau kaum Bedeutung haben; in F. Wankel: „Einteilung der Rotationskolbenmaschinen" [5] werden sie ausführlich behandelt.

3.5 Bewegte und ruhende Arbeitsraumwandungen

Der Arbeitsraum kann bei Rotationskolbenmaschinen gebildet werden durch:

1. die Eingriffskörper allein, d. h. es gibt keine ruhende Arbeitsraumwandungen (s. z. B. Bild 51b);

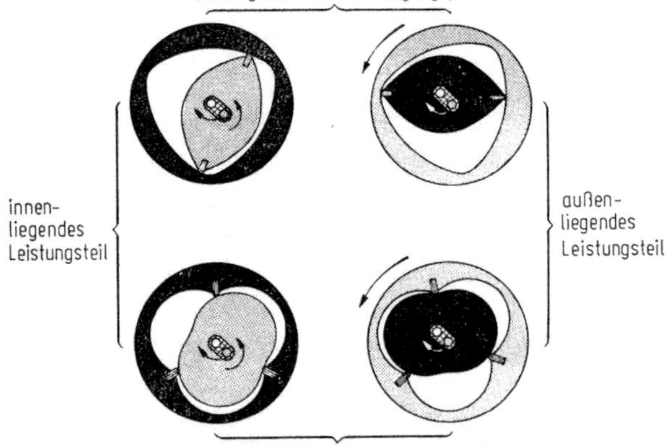

Bild 56. Lage des Leistungsteils und der kurvenerzeugenden Punkte.

2. mindestens einen bewegten Eingriffskörper und eine äußere ruhende Arbeitsraumwand (s. Bild 51c und 56 linke Seite);
3. mindestens einen bewegten Eingriffskörper und eine innere ruhende Arbeitsraumwand (s. Bild 56 rechte Seite);
4. mindestens einen bewegten Eingriffskörper und sowohl eine ruhende äußere als auch eine ruhende innere Arbeitsraumwand (s. Bild 53d).

3.6 Lage der Leistungsteile und der Kurvenerzeugungspunkte

Das letzte Kriterium bei Rotationskolbenmotoren ist die Lage des Leistungsteils und der Kurvenerzeugungspunkte. Als Kurvenerzeugungspunkte werden diejenigen Stellen an der Berührung von Leistungs-

und Absperrteil bezeichnet, die bei der Bewegung relativ zu einem der Teile in Ruhe bleiben; hier können Dichtteile angebracht werden, zu ihrem Tragkörper führen sie keine Bewegung aus, sofern Kurven und Kinematik absolut genau sind. Die Kontur des Körpers, der die Dichtteile trägt, ist in gewissen Grenzen beliebig, diejenige des Gegenkörpers dagegen ist unveränderlich, sie wird durch die Kurvenerzeugungspunkte bestimmt.

Das Leistungsteil kann ebenso wie die Kurvenerzeugungspunkte, bzw. die Dichtteile innen oder außen sein; Bild 56 zeigt dies am Beispiel von Kreiskolbenmaschinen. Links haben die Maschinen das Leistungsteil innen, rechts außen; oben sind die Kurvenerzeugungspunkte innen, unten sind sie außen.

4. Für einen Rotationskolben-Verbrennungsmotor notwendige Voraussetzungen

Aus der großen Fülle von Rotationskolben-Bauarten eignen sich — man möchte sagen erfreulicherweise — nur ganz wenige als Verbrennungs-Motoren, weil bei diesen wegen der hohen Temperaturen und auch wegen des Gaswechsel- und Verbrennungs-Vorganges Schwierigkeiten auftreten, die bei reinen Fördereinrichtungen nicht vorhanden sind. Dazu kommt, daß der Hubkolben-Verbrennungsmotor einen sehr hohen Entwicklungsstand hat und nur dann vom Rotationskolben-Verbrennungsmotor abgelöst werden kann, wenn dieser eindeutige und gewichtige Vorteile hat, ohne daß schwerwiegende Nachteile in Kauf genommen werden müssen. Die vielfachen Möglichkeiten der Arbeitsraumbildung haben die Verwirklichung des Rotationskolbenmotors eher behindert als gefördert, weil die Erfinder auf der Suche nach immer besseren Lösungen die entscheidenden Details nicht sahen oder nicht genügend werteten.

Die wichtigsten Voraussetzungen, ohne die ein Rotationskolben-Verbrennungsmotor keine Erfolgsaussichten hat, werden im folgenden aufgeführt, es sei darauf hingewiesen, daß noch manche weiteren Forderungen hinzukommen, die jedoch mit den Mitteln der Technik und entsprechendem Entwicklungsaufwand Chancen haben, gelöst zu werden.

4.1 Gas-Abdichtung

Das schwierigste Problem, an dem lange Zeit alle Rotationskolben-Erfindungen scheiterten, ist die einwandfreie Abdichtung des Verbrennungsraumes. Beim Hubkolbenmotor sind die Ventile geschlossen, wenn Druck im Zylinder herrscht und außerdem werden sie noch durch den

Gasdruck auf ihren Sitz gepreßt; beim Rotationskolbenmotor dagegen kommen die den Arbeitsraum bildenden Teile nie zueinander zum Stillstand, sie bewegen sich während des ganzen Verbrennungsablaufs immer. Wegen der unvermeidlichen Fertigungstoleranzen, der unterschiedlichen Wärmedehnungen, der Lagerspiele und auch der Durchbiegungen unter dem Gasdruck müssen die bewegten Teile ausreichend Spiel zueinander haben (s. Bild 57). Dieses Spiel ist für einen Verbrennungsmotor untragbar weniger wegen des Füllungsverlustes, der durch entsprechende Überbemessung auszugleichen wäre, sondern wegen der hohen Temperaturen, die an den undichten Stellen auftreten und zum Ausbrennen führen; der Wärmeübergang nimmt mit der Gasgeschwindigkeit nahezu linear zu. Natürlich wäre auch der thermische Wirkungsgrad vor allem bei niederen Drehzahlen schlecht und das Starten des Motors in Frage gestellt.

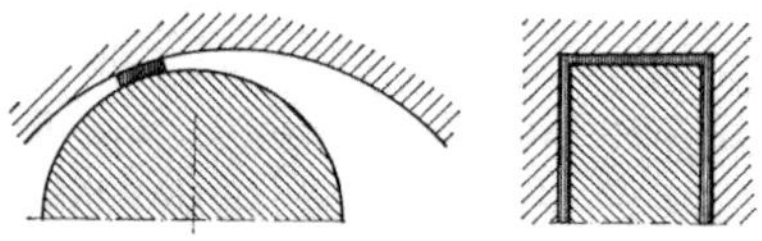

Bild 57. Undichtigkeiten zwischen Leistungs- und Absperrteil.

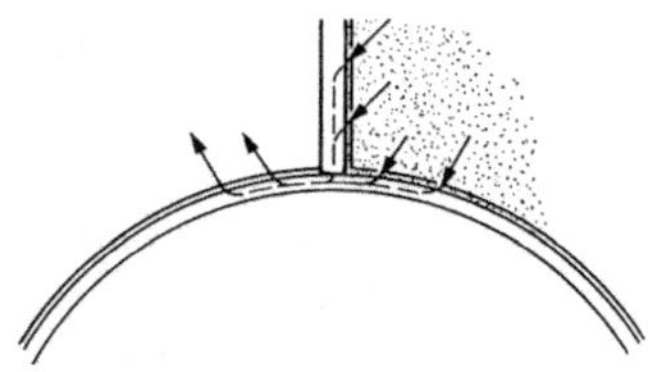

Bild 58. Undichtigkeit über den Nutgrund.

Wie in Abschnitt 2 ausführlich behandelt, gelingt es, die Spalte durch Verwendung von Dichtteilen, deren Andrückung durch den Gasdruck selbst erfolgt, bei geringer Reibung einwandfrei abzudichten. Die aneinander gereihten Dichtteile ergeben die Dichtgrenze, die geschlossen sein muß und nirgends eine offene Stelle haben darf.

Häufig erkennen Erfinder den räumlichen Verlauf nicht und übersehen eine versteckte Undichtigkeit.

Folgende Bedingungen müssen erfüllt sein:

1. Feste Kurvenerzeugungspunkte. Ohne diese ist die Anbringung von Dichtteilen nicht möglich.
2. Nur 2 Körper können zueinander abgedichtet werden. Eine Gasdichtung, die von einem auf ein anderes Teil überspringt, wurde bis heute nicht gefunden. Bild 58 zeigt, wie das Gas über den Nutgrund entweichen kann.
3. Weniger aus technischen Gründen sondern wegen der für eine wirtschaftliche Fertigung untragbaren Anforderungen an die Genauigkeit soll die Dichtgrenze nicht über lösbare Trennstellen gehen, sie darf sich nur an einem Teil befinden.

Diese drei Voraussetzungen allein lassen die brauchbaren Bauarten auf eine kleine Zahl zusammenschrumpfen. Es scheiden alle Maschinen aus mit Kreis- und Gegeneingriff, da sie keine festen Kurvenerzeugungspunkte haben (Bedingung 1), Maschinen mit 3 den Arbeitsraum bildenden Körpern, wie z. B. die mittelachsigen des Bildes 53 (Bedingung 2), und schließlich alle Lösungen mit außenliegenden Dichtteilen (s. Bild 56 unten) (Bedingung 3).

Dem Bild 53b entsprach der Vorschlag von Kauertz, der in der Presse mehrfach erwähnt wurde. Wegen des günstigen Bauraumes und der kleinen schädlichen Räume, d. h. hohen Verdichtungsmöglichkeit, erscheint diese Bauart reizvoll, sie scheitert jedoch an der einwandfreien Gasabdichtung, auch die Kühlung der Kolben dürfte auf beträchtliche Schwierigkeiten stoßen (näheres über die Kinematik s. unter [6]).

Nach Bild 54c jedoch mit 5 Kammern versuchte die französische Firma Renault einen Kreiskolbenmotor darzustellen. In jeder Kammer befand sich je ein Ein- und Auslaßventil, wodurch sich ein sehr großer Bauaufwand und Raumbedarf ergab (s. [6]). Da bei dieser Bauart die Dichtgrenze außen sein muß und über Trennstellen geht, wären erhebliche Fertigungsschwierigkeiten zu erwarten gewesen; soweit bekannt ist, wurden die Arbeiten wieder eingestellt.

4.2 Schmierung der Dichtteile

Die in Abschnitt 2.311 geschilderten Versuche brachten die Erkenntnis, daß zur gasdichten Abdichtung ein Ölfilm notwendig ist, der allerdings, wie sich im Motorbetrieb zeigte (s. a. Abschnitt 5.613) außerordentlich dünn sein kann. Während beim Hubkolbenmotor an die Zylinderlaufbahn gespritztes Öl von den Kolbenringen abgestreift und in den Ölsumpf zurückgeführt wird, ist das an die Laufbahn von Rotationskolbenmotoren gelangte Öl verloren, es wird verbrannt bzw. vom Abgas mitgenommen. Man muß im Hinblick auf geringen Ölverbrauch und auch Vermeidung von Ölkohle äußerst sparsam mit dem zugeführten Öl sein, besondere Maßnahmen zur feinen Dosierung sind nötig, eine Ölzufuhr mit Düsen, Drosselstellen oder dergl. ist nicht zu gebrauchen, es tritt bei weitem zu viel Öl aus.

Bauarten, bei denen die Laufbahn oder die Ein- und Auslaß-Kanäle mit dem Triebwerksraum zeitweise in Verbindung stehen (s. z. B. Bild 59), müssen abgelehnt werden; einmal ist eine befriedigende Öldichtung an den Kolben nicht unterzubringen, zum anderen wird das in den Einlaßkanal eingedrungene Öl in den Arbeitsraum gesaugt, und schließlich geht Öl durch den Auslaßkanal verloren.

Da auch Frisch- und Abgase in den Triebwerkraum gelangen können, wäre ein geregelter Gaswechsel insbesondere bei niederen Last-

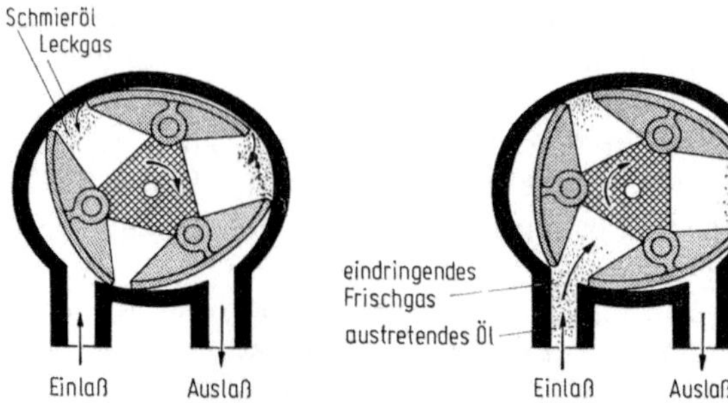

Bild 59. Fehlende Abdichtung des Triebwerkraumes.

zuständen nicht möglich, auch aus diesem Grunde ist ein solcher Motor nicht zu gebrauchen.

4.3 Kühlung der Arbeitsraumwandungen

Die Kühlung der bewegten Arbeitsraumwandungen ist meist ein schwieriges Problem, das Kühlmittel muß hinein- und herausgeführt werden. Da eine zuverlässige Abdichtung kaum zu finden ist, wird meist Öl zum Wärmetransport verwendet, obwohl dieses weniger wirksam als Wasser ist. Dünne Bauteile, Schieber und dergleichen können nicht gekühlt und daher thermisch nicht beherrscht werden.

Am feststehenden Teil bereitet die Kühlung weniger Schwierigkeiten, allerdings ist zu beachten, daß bei Rotationskolbenmotoren vielfach Zonen vorkommen, die immer der Verbrennung ausgesetzt sind und keine Kühlung durch Frischgas bekommen. Beim Hubkolbenmotor wechselt im selben Raum kaltes und heißes Gas. Bauarten ohne ruhende Arbeitsraumwandungen (z. B. Drehkolbenmotoren nach Bild 51b) scheiden u. a. wegen der Kühlungsschwierigkeiten für die Praxis aus. Dies war auch einer der Gründe, warum der Wankel-Drehkolbenmotor (s. Abschnitt 5) aufgegeben werden mußte. Nach dem gleichen Prinzip wurde ein Motor von der japanischen Firma Isuzu vorgeschlagen.

4.4 Arbeitsverfahren

Um einen möglichst günstigen Motorbetrieb zu erzielen, muß die Volumenänderung des Arbeitsraumes ein vorteilhaftes Arbeitsverfahren und ausreichende Verdichtung gestatten. Sehr viele Bauarten können nur im Zweitakt arbeiten, Viertakt ist wegen der sauberen Trennung von Ein- und Auslaß vorzuziehen; manche der vorgeschlagenen Bauarten eignen sich als Verdichter recht gut, aber nicht als Motor. Erwünscht ist eine Gassteuerung durch die bewegten Teile selbst, die Schlitze im Gehäuse überlaufen, damit eine zusätzliche Ventil- oder Schiebersteuerung mit ihrem beträchtlichen Raumbedarf und Herstellungsaufwand entfallen kann.

Bild 60 zeigt Kreiskolbenmotoren verschiedener Übersetzung, bei a), c) und e) ist nur das Zweitakt-Verfahren, bei b) und d)das Viertakt-Verfahren möglich.

4.5 Verhältnis von Arbeitsraum zu umbautem Raum und einfache Bauteile

Um mit dem in vielen Jahrzehnten hoch entwickelten Hubkolbenmotor konkurrieren zu können, ist es für einen Rotationskolbenmotor erforderlich, kleiner, leichter und billiger zu sein, sonst hat er kaum Chancen, sich durchzusetzen. Als Vergleichsgröße für den Raumbedarf und damit für Gewicht und Preis dient das Verhältnis Arbeitsraum zu umbautem Raum. Der Arbeitsraum ist das größte Volumen, das theoretisch je Wellenumdrehung mit Frischgas gefüllt wird, zum umbauten Raum zählt man gewöhnlich die Hilfseinrichtungen nicht mit, wenn es sich nur um die Beurteilung einer Bauart handelt.

In Bild 60 sind als Beispiel verschiedene Ausführungen der selben Kreiskolbenbauart jedoch mit verschiedenen Übersetzungen dargestellt. Am günstigsten ist die 1:2 Maschine ganz links, mit zunehmender Kammerzahl wird bei gleichen Abmessugen der Arbeitsraum immer kleiner. Man erkennt dies ohne weiteres, wenn man beachtet, daß je Wellenumdrehung nur das Volumen einer Kammer angesaugt wird, das Leistungsteil läuft mit zunehmender Eckenzahl immer langsamer. Dies würde noch deutlicher zum Ausdruck kommen, wenn alle Maschinen gleiche Verdichtung hätten, diese nimmt laufend ab, durch Wahl kleinerer Kurbelradien könnte sie wieder heraufgesetzt werden, dabei würden die Arbeitsräume jedoch noch kleiner werden.

Da die 2:3 Maschine die kleinste im 4-Takt arbeitende Bauart ist, hat man mit gutem Recht ihr den Vorzug gegeben. Sie hat bei gleichem Luftdurchsatz und gleicher Drehzahl der Abtriebswelle nur etwa den halben umbauten Raum eines Viertakt-Hubkolbenmotors, beide Motoren ohne Hilfsgeräte gerechnet. Die 4:5 Maschine ist im Raum

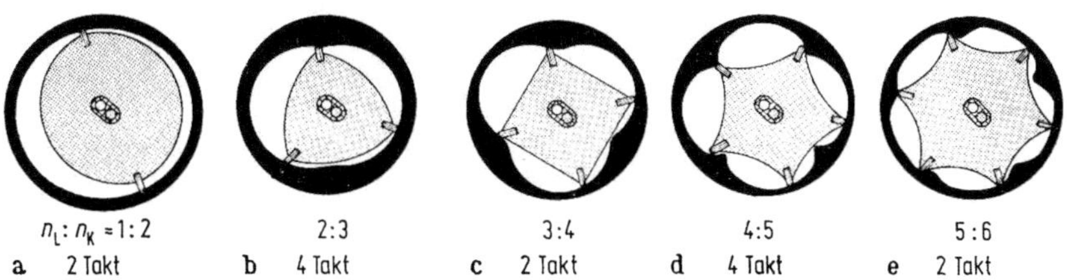

Bild 60. Arbeitsraum zu umbautem Raum, Arbeitsverfahren.

bedarf dem Hubkolbenmotor etwa gleich, überdies hat sie doppelt so viele Frisch- und Abgaskanäle, Leitungen, Zündkerzen usw., so daß sie auch hierin der 2:3 Maschine unterlegen ist.

Als selbstverständlich anzusehen ist, daß ein neuer Rotationskolbenmotor einfacher als ein Hubkolbenmotor sein muß, eine derart lange Entwicklungszeit, wie sie dem Hubkolbenmotor zur Verfügung stand, ist heute nicht mehr vertretbar.

Von vielen Erfindern wird das Verhältnis Arbeitsraum zu umbautem Raum nicht genügend beachtet, zudem sind die Bauteile oft zu kompliziert, so daß eine Serienfertigung von vornherein ausscheidet.

5. Der Wankel-Kreiskolbenmotor

Von den zahllosen Vorschlägen für Rotationskolbenmotoren wurden nur wenige ausgeführt, von diesen kam nur einer, der Wankel-Kreiskolbenmotor aus dem Versuchsstadium heraus und erreichte Betriebs- und später Serienreife. Selbst der Wankel-Drehkolbenmotor (s. Bild 61 und 62), der im Jahre 1957 erstmalig lief und mit 125 cm^3 Kammervolumen 21 kW (29 PS) bei 17000 min^{-1} leistete, mußte aufgegeben werden, weil er dem Kreiskolbenmotor unterlegen war. Die Gründe, warum so viele Vorschläge scheiterten, wurden in Abschnitt 4 ausführlich behandelt.

DerWankel-Kreiskolbenmotor wurde gemeinsam mit NSU, Neckarsulm, entwickelt. Wankel schloß mit dieser Firma im Jahre 1954 einen Vertrag auf Zusammenarbeit auf dem Rotationskolbenmotoren-Gebiet, nachdem schon vorher enge Verbindungen bestanden. Unter dem Na-

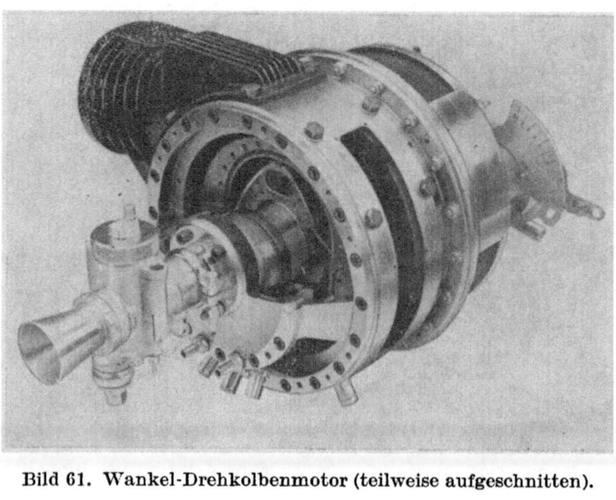

Bild 61. Wankel-Drehkolbenmotor (teilweise aufgeschnitten).

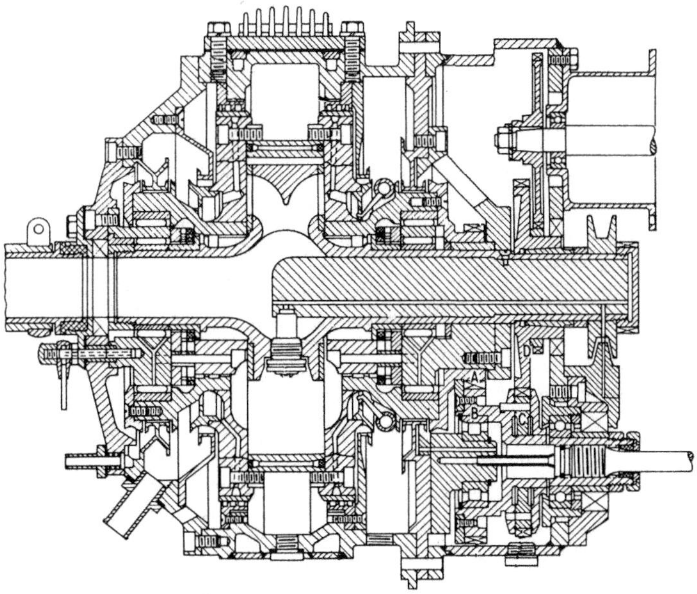

Bild 62. Längsschnitt durch den Wankel-Drehkolbenmotor.

men „NSU-Wankelmotor“ konnten nach erfolgreicher Versuchsarbeit mit zahlreichen Firmen Lizenzverträge abgeschlossen werden (s. Tafel S. 58), inzwischen haben einige davon die Serienfertigung aufgenommen und teilweise schon beachtliche Stückzahlen gefertigt. Weitere Lizenzverträge sind zu erwarten.

Der Wankel-Kreiskolbenmotor erfüllt die in Abschnitt 4 dargelegten Forderungen sehr gut, zudem ist er von kaum zu übertreffender Einfachheit. Gleichzeitig laufen mit einem Kolben phasenversetzt drei Arbeitsspiele ab, die Gase werden durch Schlitze gesteuert, so daß eine Ventil- oder Schiebersteuerung entfällt, das Arbeitsverfahren ist Viertakt. (s. Bild 63).

In den folgenden Abschnitten werden die Kinematik des Wankelmotors, seine Besonderheiten, seine Thermodynamik, die aufgetretenen Schwierigkeiten und ihre Lösung, sowie der heutige technische Stand anhand von ausgeführten Konstruktionen ausführlich behandelt.

5.1 Hauptabmessungen

5.11 Trochoide

Läßt man ein innenverzahntes Rad r_i auf einem feststehenden außenverzahnten Rad r_a abrollen, dann zeichnet ein am bewegten Rad angebrachter Zeiger P eine Epitrochoide — eine Sonderform der Zy-

NSU-Wankel-Lizenznehmer und ihre Arbeitsgebiete

NSU-Audi (D, Mit-Lizenzgeber): Forschung und Entwicklung von Personenwagenmotoren. Serienmodelle Spider (ab 1964) und Ro 80 (ab 1967).

Curtiss-Wright (USA, 1958): Motoren aller Arten. Entwickelte luft- und wassergekühlte Motoren von 100 bis 1000 PS, die serienreif sein sollen.

Fichtel & Sachs (D, 1960): Otto-Industrie- und Bootsmotoren 0,5 bis 30 PS, wasser- und luftgekühlt. Produziert kleine Serienmotoren, auch für Gelände- und Schneefahrzeuge, später wahrscheinlich auch für Motorräder.

Yanmar Diesel (Japan, 1961): Ottomotoren bis 100 PS, Dieselmotoren bis 300 PS, nicht für Zweiräder, Personenwagen und Flugzeuge. Produziert Bootsmotoren.

Toyo Kogyo (Japan, 1961): Ottomotoren bis 200 PS für Landfahrzeuge, Entwickelt und produziert Motoren für Mazda-Automobile. Bisher grösster Produzent von Wankel-Motoren.

Perkins (GB, 1961): Otto- und Dieselmotoren bis 250 PS. Hat Lizenz aufgegeben.

Klöckner-Humboldt-Deutz (D, 1961): Dieselmotoren. Nach Anfangsforschung keine weiteren Mitteilungen mehr.

Daimler-Benz (D, 1961): Ottomotoren ab 50 PS, ab 1964 auch Dieselmotoren, ohne Einschränkung. Entwickelte Otto-Versuchsmotoren mit 2 bis 4 Scheiben, Laborwagen C-111. Serienproduktion in absehbarer Zeit möglich.

MAN (D, 1961): Dieselmotoren ohne Einschränkung. Stand wie Humboldt-Klöckner-Deutz.

Krupp (D, 1961): Dieselmotoren ohne Einschränkung, nach anfänglicher Entwicklung Aufgabe der Produktion von Fahrzeugen.

Rheinstahl-Hanomag (D, 1963): Ottomotoren von 40 bis 200 PS. Firma inzwischen von Daimler-Benz übernommen.

Alfa Romeo (I, 1964): Personenwagenmotoren 50 bis 300 PS. Entwicklung im Gang, keine Ergebnisse veröffentlicht.

Rolls-Royce (GB, 1965): Diesel- und Hybridmotoren 100 bis 850 PS. Entwickelte ersten arbeitsfähigen Wankel-Dieselmotor, für Militärfahrzeuge gedacht.

VEB Automobilbau (DDR, 1965): Ottomotoren 0,25 bis 25 PS und 50 bis 150 PS. Nach Anfangsforschung Aufgabe der Lizenz.

Porsche (D, 1965): Sportwagen-Ottomotoren 50 bis 1000 PS. Anfänglich gewisse Arbeiten, keine Ergebnisse bekannt.

Outboard Marine (USA, 1966): Otto-Bootsmotoren 50 bis 400 PS.

Comotor (Luxemburg, 1967): Gemeinschafts-Tochterfirma von Audi-NSU und Citroën. Ottomotoren 40 bis 200 PS. Anfänglich Projekt für Gemeinschafts-Wankel-Auto Comobil. Von Citroën Versuchscoupé M 35. Produktion Zweischeibenmotor für Citroën für 1974 vorgesehen.

Graupner (D, 1967): Modell-Ottomotoren 0,1 bis 3 PS. Entwicklung und Produktion von Kleinst-Modellmotoren.

Savkel (Israel, 1969): Industrie-Ottomotoren 0,5 bis 30 PS.

Nissan (Japan, 1970): Personenwagen-Ottomotoren 80 bis 120 PS. Produktion für 1972 oder 1973 vorgesehen.

General Motors (USA, 1970): Alle Gebiete ohne Flugmotoren. Forschung und Entwicklung von Automotoren von 1 bis 4 Scheiben. Noch keine Ergebnisse bekanntgegeben, Entscheid über Produktion nicht bekanntgegeben.

Suzuki (Japan, 1970): Motorrad-Ottomotoren 20 bis 80 PS.

Toyota (Japan, 1971): Personenwagen-Ottomotoren 75 bis 150 PS. Produktion soll für 1973 vorgesehen sein.

Ford Köln (D, 1971): Lizenznehmerin zugunsten der Ford-Gesellschaften in allen Ländern. Personenwagenmotoren 80 bis 200 PS. Vertragsabschluss 29. November 1971.

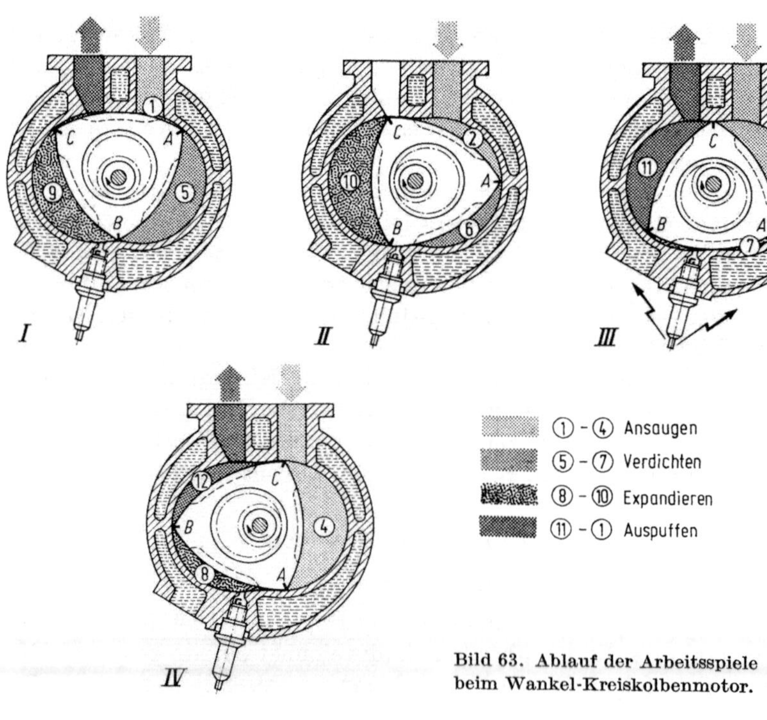

Bild 63. Ablauf der Arbeitsspiele beim Wankel-Kreiskolbenmotor.

kloiden — siehe Bild 64. Wenn $r_i/r_a = 2:3$ ist, wird diese zweibogig, es können 3 um 120° zueinander versetzte Zeiger angebracht werden, sie durchlaufen alle die gleiche Kurve. Wählt man eine andere Zahnradübersetzung z. B. 1:2, 3:4, 4:5 usf., nennt die erste Zahl stets die Anzahl der Trochoidenbogen, die zweite diejenige der gleichlaufenden Zeiger, d. h. der Ecken des Kolbens (s. Bild 60). Wenn die Kurbel mit dem Exzenter e, drei Umdrehungen ausgeführt hat, dann hat sich der Zeiger P mit zwei Umdrehungen gegen die Kurbel (Zahnradübersetzung 2:3) gedreht, d. h. er hat eine Umdrehung im Drehsinn der Kurbel ausgeführt und somit einmal die gesamte Trochoide durchlaufen. Bei anderen Übersetzungen gilt das gleiche, z. B. kommen bei Übersetzung 4:5 auf eine Kolbenumdrehung 5 Kurbelumdrehungen im gleichen Drehsinn.

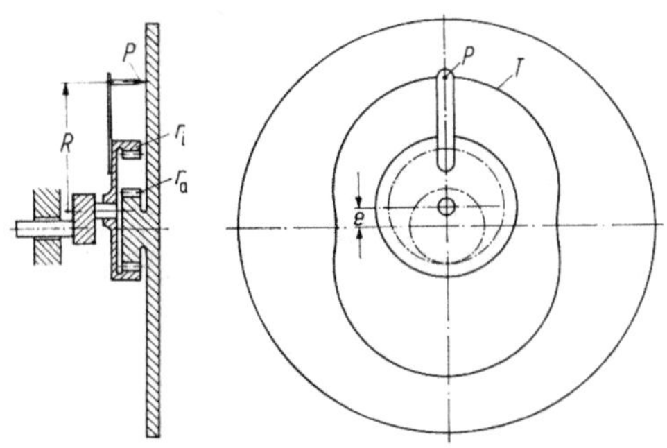

Bild 64. Entstehung der zweibogigen Trochoide.

Die Form der Trochoide kann je nach dem Verhältnis $R/e = K$ (R = erzeugender Radius, e = Exzentrizität) sehr verschieden sein, mit abnehmendem K-Wert schnürt sie in der kurzen Achse immer mehr ein (siehe Bild 65); der K-Wert bestimmt den max. Schwenkwinkel, die ideelle Verdichtung, die max. Dichtleisten-Geschwindigkeiten und -Beschleunigungen (s. Tafel auf Seite 71) und auch das Bauvolumen des Motors.

Die Gleichung für die zweibogige Trochoide ist: (s. Bild 66)

$$\left.\begin{aligned} x &= e \cdot \sin\gamma + R \cdot \sin\frac{\gamma}{3}, \\ y &= e \cdot \cos\gamma + R \cdot \cos\frac{\gamma}{3} \end{aligned}\right\} \quad (1)$$

oder:

$$r = \sqrt{x^2 + y^2} = \sqrt{e^2 + R^2 + 2\,R \cdot e \cdot \cos\frac{2}{3}\gamma}\;.$$

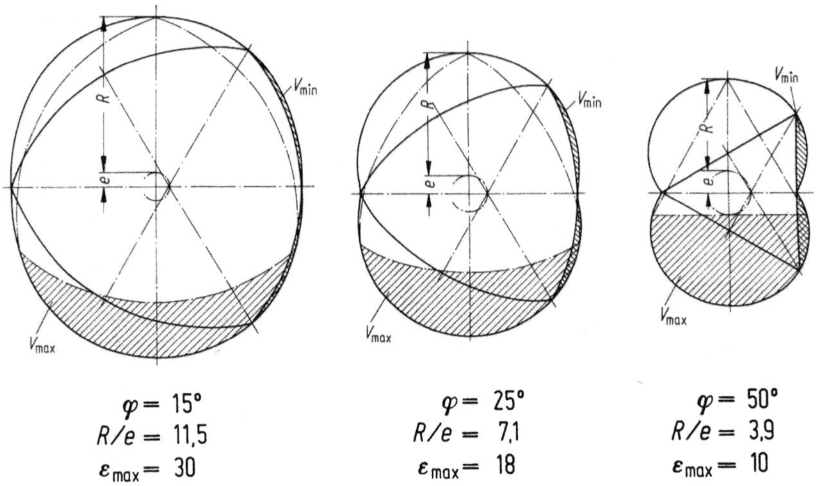

Bild 65. Trochoidenform und -Größe als Funktion von R/e bei gleichem Kammervolumen.

Da die in den Kolbenecken anzubringenden Dichtleisten nicht spitz, sondern abgerundet sind, ist die Laufbahn eine um die Trochoide im Abstand a (unter dem Winkel φ) gelegte Kurve, man nennt den Betrag a „Äquidistante" (s. Bild 67). Genau genommen muß a gleich dem Kuppenradius der Dichtleiste sein, sonst führt die Dichtleiste in ihrer Nut Bewegungen aus. Die Praxis hat gezeigt, daß verhältnismäßig

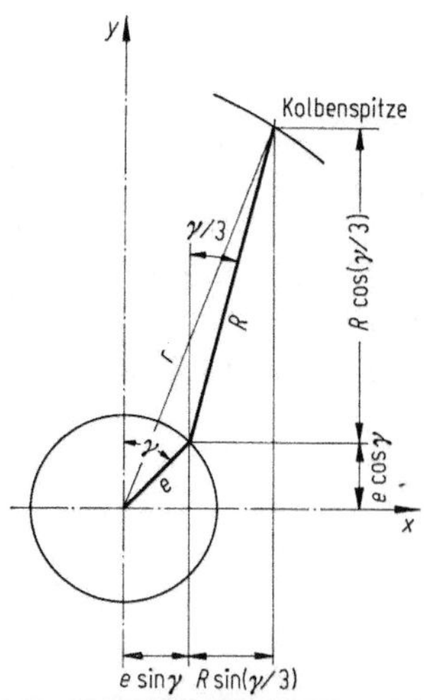

Bild 66. Zur Berechnung der zweibogigen Trochoide.

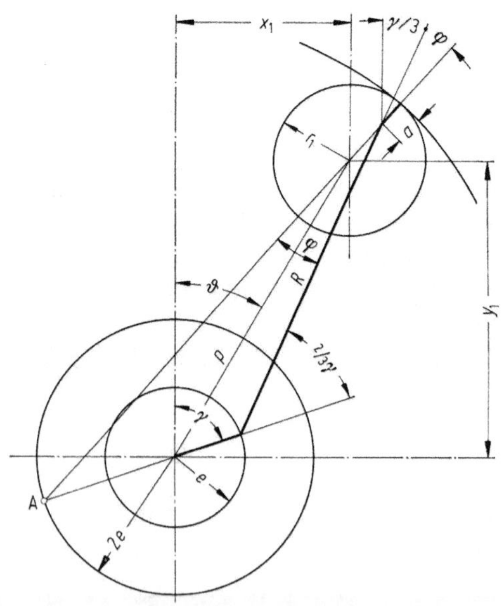

Bild 67. Zur Berechnung der Laufbahn unter Berücksichtigung der Äquidistanten.

große Abweichungen ertragen werden können, gewisse Bewegungen der Dichtleiste entstehen auch durch die Zünd- und Massenkräfte, die die Lagerspiele verringern und vor allem die Exzenterwelle elastisch verformen, zudem durch die Fertigungstoleranzen; Dichtleisten mit 5 mm Kuppenradius liefen bei $a = 1{,}5$ mm ohne Beanstandung. Anzustreben ist natürlich, die Äquidistante annähernd gleich dem Kuppenradius der Dichtleiste zu machen, um deren Bewegungen klein zu halten. Ein gewisses Spielen der Dichtleiste ist erwünscht, es wird entstehende Ölkohle zerrieben.

Die Gleichung für die um die Äquidistante vergrößerte Trochoide ist (s. Bild 67):

$$\left.\begin{aligned} x &= e \cdot \sin\gamma + R \cdot \sin\frac{\gamma}{3} + a \cdot \sin\left(\frac{\gamma}{3} + \varphi\right), \\ y &= e \cdot \cos\gamma + R \cdot \cos\frac{\gamma}{3} + a \cdot \cos\left(\frac{\gamma}{3} + \varphi\right). \end{aligned}\right\} \tag{2}$$

In dieser Gleichung tritt der Schwenkwinkel φ auf, es ist der Winkel zwischen dem erzeugenden Radius und der Bahnnormalen (s. a. Abschnitt 5.16). Es ist:

$$\left.\begin{aligned} \tan\varphi &= \frac{3\,e \cdot \sin\frac{2}{3}\gamma}{R + 3\,e \cdot \cos\frac{2}{3}\gamma} \\ \text{oder:} \quad \cos\varphi &= \frac{R + 3\,e \cdot \cos\frac{2}{3}\gamma}{\sqrt{R^2 + 9e^2 + 6\,R \cdot e \cdot \cos\frac{2}{3}\gamma}}. \end{aligned}\right\} \tag{3}$$

$\varphi_{\max}$ ergibt sich, wenn der Winkel bei A ein rechter ist:

$$\sin\varphi_{\max} = \frac{3\,e}{R}. \tag{4}$$

Wenn die Trochoide mit einer Schleifscheibe $2\,r_1$ geschliffen werden soll, sind die Koordinaten x_1, y_1 zu berechnen aus (s. Bild 67):

$$\left.\begin{aligned} x_1 &= e \cdot \sin\gamma + R \cdot \sin\frac{\gamma}{3} - (r_1 - a)\sin\left(\frac{\gamma}{3} + \varphi\right), \\ y_1 &= e \cdot \cos\gamma + R \cdot \cos\frac{\gamma}{3} - (r_1 - a)\cos\left(\frac{\gamma}{3} + \varphi\right) \\ p &= \sqrt{x_1^2 + y_1^2} \qquad \tan\vartheta = \frac{x_1}{y_1}. \end{aligned}\right\} \tag{5}$$

Die Aufzeichnung der Trochoide ist mit Hilfe der Krümmungsradien möglich. Für den Bereich von $R/e = 6$ bis 7,5 gilt mit genügender Genauigkeit (s. Bild 68):

$$\left.\begin{aligned} \varrho_1 &= \frac{(R + 3\,e)^2}{R + 9\,e} + a\,, \\ \varrho_2 &= \frac{(R - 3\,e)^2}{R - 9\,e} + a\,; \\ \varrho_3 &= \frac{1}{2}\sqrt{2}\,(e + R) + a \end{aligned}\right\} \tag{6}$$

ein negativer Wert von ϱ_2 zeigt an, daß der Mittelpunkt außerhalb liegt; ϱ_3 muß eingepaßt werden.

Will man der Bequemlichkeit halber die Trochoide nur mit 2 Kreisbögen darstellen, wobei man eine gewisse Ungenauigkeit in Kauf nimmt, dann gilt wiederum für den Bereich $R/e = 6$ bis 7,5:

$$\varrho_1' = \frac{1}{2}\sqrt{3}\cdot e\left(\frac{R}{e} + \varkappa\right) + a\,,$$

$$\varrho_2' = \frac{(R + a)^2 + e^2 - C\,\varrho_1'}{\varrho_1' - D}\,.$$

$\varkappa$ ist aus dem Diagramm des Bildes 68, in dem auch der entstehende Fehler in % von R eingetragen ist, zu entnehmen.

$$C = R + e + a$$

$$D = R - e + a$$

5.12 Kolbenkontur

Um möglichst kleine Toträume zu bekommen, muß die Kolbenkontur so gestaltet werden, daß ein gewisses, mit Rücksicht auf

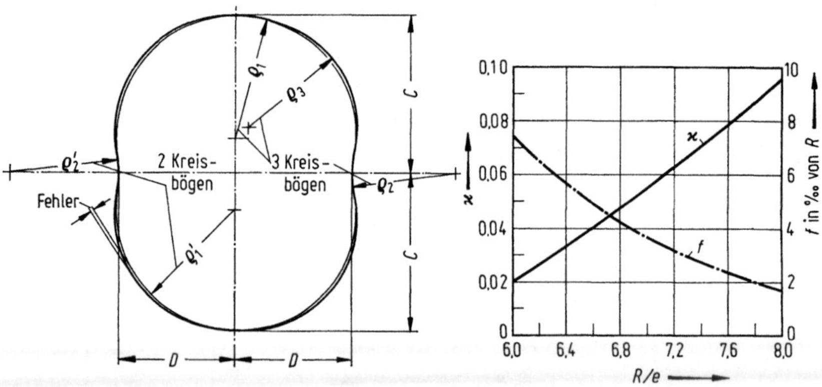

Bild 68. Angenäherte Darstellung der Trochoide mittels Kreisbögen.

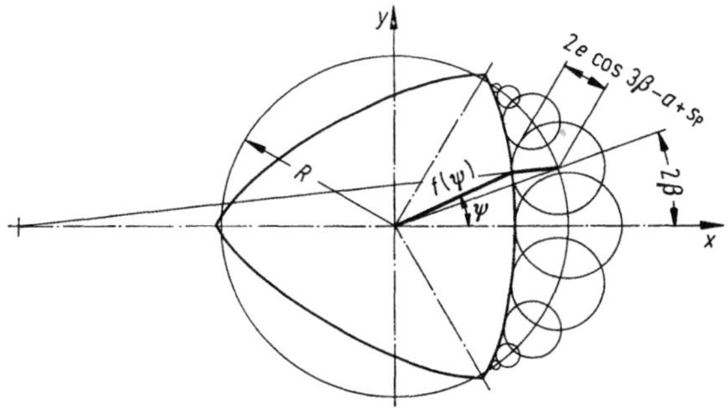

Bild 69. Zur Berechnung der Kolbenkontur.

Verbrennungsrückstände, Fertigungstoleranzen und unterschiedliche Wärmeausdehnung gegebenes Spiel s_p — im allgemeinen etwa 0,5 mm — nie unterschritten wird.

Die Formeln für die Koordinaten der Kolbenkontur sind (s. Bilder 69 und 70).

$$\left.\begin{aligned} x = {} & R \cdot \cos 2\beta + \frac{3}{2}\frac{e^2}{R}(\cos 8\beta - \cos 4\beta) - \\ & - e(\cos 5\beta + \cos\beta)\sqrt{1 - \frac{9e^2}{R^2}\sin^2 3\beta} - \\ & - \frac{3}{2}\frac{e(a - s_p)}{R}(\cos 5\beta - \cos\beta) + \\ & + (a - s_p)\cos 2\beta\sqrt{1 - \frac{9e^2}{R^2}\sin^2 3\beta}\,, \\ y = {} & R \cdot \sin 2\beta + \frac{3}{2}\frac{e^2}{R}(\sin 8\beta + \sin 4\beta) - \\ & - e(\sin 5\beta - \sin\beta)\sqrt{1 - \frac{9e^2}{R^2}\sin^2 3\beta} - \\ & - \frac{3}{2}\frac{e(a - s_p)}{R}(\sin 5\beta + \sin\beta) + \\ & + (a - s_p)\sin 2\beta\sqrt{1 - \frac{9e^2}{R^2}\sin^2 3\beta}\,, \end{aligned}\right\} \quad (7)$$

$$f(\psi) = \sqrt{x^2 + y^2}\,,$$

$$\psi = \arctan\frac{y}{x}\,,$$

a = Aequidistante,
s_p = kleinster Abstand des Kolbens zur Aequidistanten der Trochoide.

Zur Aufzeichnung der Kolbenform trägt man Kreise mit dem Radius $(2\,e \cos 3\,\beta - a + s_p)$ unter dem Winkel $2\,\beta$ auf dem Kreis $2\,R$ auf, damit erhält man die Einhüllende (s. Bild 69).

Eine Darstellung ist auch über die Krümmungsradien möglich. Es ist (s. Bild 70):

für den Scheitel an der Stelle $\beta = 0$:

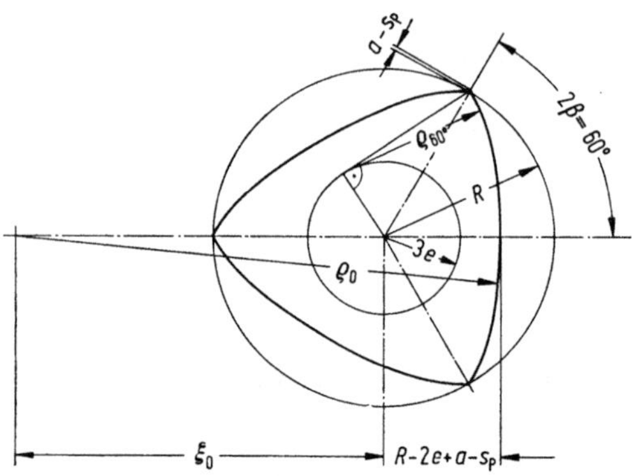

Bild 70. Krümmungsradien der Kolbenkontur.

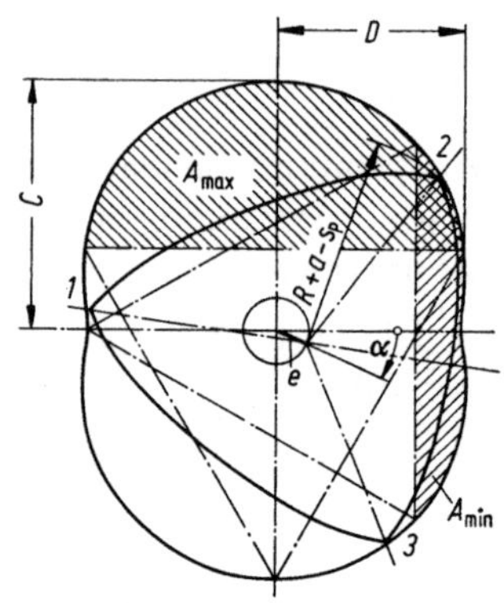

Bild 71. Kammervolumen.

$$\left.\begin{aligned} \varrho_0 &= \frac{2\,R^2 + 18\,e^2 - 4\,e \cdot R}{2\,R - 9\,e} + a - s_p\,, \\ \xi_0 &= \frac{R}{\dfrac{2\,R}{9\,e} - 1} = \frac{R}{0{,}222\,\dfrac{R}{e} - 1}\,, \\ \varrho_0 - \xi_0 &= R - 2\,e + a - s_p\,; \end{aligned}\right\} \quad (8)$$

für die Spitze an der Stelle $2\,\beta = 60°$:

$$\varrho_{60°} = \sqrt{R^2 - 9\,e^2} + a - s_p\,. \quad (9)$$

Der Mittelpunkt liegt auf dem Kreis mit dem Radius $3\,e$.

5.13 Kammervolumen

Das Kammer- oder Arbeitsvolumen V_K ist gleich dem Produkt aus Kolben-Fläche A_K und Arbeitsweg s (s. Bild 71 u [7]).

A_K ist das Rechteck, das durch Verbindung der kurvenerzeugenden Linien (Kolbenecken) gebildet wird:

$$A_K = 2\,B\,(R + a) \sin 60° = \sqrt{3} \cdot B\,(R + a)\,, \quad (10)$$
$$B = \text{Kolbenbreite}$$

Der Arbeitsweg s errechnet sich aus:

$$\Sigma \, \mathrm{d}s = \int\limits_{\alpha=0}^{\alpha=270^\circ} e \cdot \sin \frac{2}{3} \alpha \, \mathrm{d}\alpha = 3\, e \,. \tag{11}$$

Somit:

$$V_\mathrm{K} = 3 \sqrt{3} \cdot e \cdot B \, (R + a) \,.$$

Diese Formel enthält eine für die Berechnung des Kammervolumens vernachlässigbare Ungenauigkeit, die Aequidistante zur Trochoide ist keine echte Trochoide, auch berühren die Dichtleisten bei V_max und V_min nicht in der Mitte.

Setzt man: $C = R + e + a$ = halbe große Achse,

$D = R - e + a$ = halbe kleine Achse,

ergibt sich:

$$V_\mathrm{K} = \frac{3}{16} \sqrt{3} \; B \, (4\, C^2 - 4\, D^2) = 0{,}325 \; B \, (4\, C^2 - 4\, D^2) \,. \tag{12}$$

2 C, 2 D und B sind leicht zu messende Größen.

Die Volumenänderung in Abhängigkeit vom Exzenterwinkel α erfolgt sinusförmig.

$$V = V_\mathrm{min} + \frac{V_\mathrm{K}}{2} \left(1 - \cos \frac{2}{3} \alpha \right).$$

Es gibt 4 Totpunkte: ÜT = Überschneidungstotpunkt
AT = Ansaugtotpunkt
ZT = Zündtotpunkt
ET = Entspannungstotpunkt.

Der Exzenterwinkel α wird vom Zündtotpunkt aus gezählt (s. Bild 71); zu beachten ist, daß bei den mathematischen Berechnungen (s. Bild 66 und 67) $\gamma = 0$ auf der langen Achse, d. h. also 90° früher lag. Von Totpunkt zu Totpunkt dreht sich die Exzenterwelle um 270°, der Kolben um 90°. Eine Kolbenflanke erreicht erst nach 4 × 270° = 1080° wieder ihre Ausgangslage, d. h. für den Ablauf des Viertakt-Arbeitsprozesses für diese Kolbenflanke sind 3 Umdrehungen der Exzenterwelle, also 1,5 mal so viele Umdrehungen wie bei der Kurbelwelle des Viertakt-Hubkolbenmotors nötig. Da sich jedoch um 360° phasenversetzt an den anderen Kolbenseiten gleichzeitig Arbeitsprozesse abspielen, findet jede Exzenterwellenumdrehung einmal ein Takt des Prozesses statt, also wird einmal das Kammervolumen angesaugt und auch einmal gezündet. Die Arbeitsweise ist wie bei einem 2-Zylinder-Viertaktmotor, dessen Takte um 360° zueinander versetzt sind. Es werden je Wellenumdrehung die gleichen theoretischen Frischgasmengen angesaugt, wenn das Zylindervolumen gleich dem Kammervolumen ist, allerdings ist der thermodynamische Ablauf bei beiden Bauarten sehr verschieden, was jedoch auf die Auslegung des Motors ohne Bedeutung ist. Um ein dem Hubkolbenmotor vergleichbares Arbeitsvolumen V_H angeben und der Berechnung zu Grunde legen zu können, ist zu setzen:

$$V_H = 2\, V_K \cdot i\,. \tag{13}$$

V_K = Volumen, das von einer Kolbenseite in einer Wankelmotoreneinheit gebildet wird.

i = Zahl der Einheiten.

Alle beim Viertakthubkolbenmotor verwendeten Leistungsformeln können unverändert übernommen werden.[1]

5.14 Mantelbreite[2]

Die Mantelbreite B kann nicht beliebig gewählt werden, durch die Beanspruchungen des Triebwerks sind Grenzen gesetzt. Der Durchmesser des Grundlagers wird durch die Verzahnung des Ritzels bestimmt. Es ist:

$$\left.\begin{aligned} D_{W2} &= D_{W1} + 2\,e = \frac{3}{2}\,D_{W1} \\ D_{W1} &= 4\,e\,. \end{aligned}\right\} \tag{14}$$

D_{W1} = Wälzkreis des Ritzels, D_{W2} = Wälzkreis des Hohlrades.

Da eine gewisse Nabenstärke nicht unterschritten werden darf und man die Verzahnung auch nur begrenzt positiv korrigieren kann (s. a. Abschnitt 5.64), ist der maximale Durchmesser der Exzenterwelle festgelegt. Mit wachsender Mantelbreite nehmen Lager- und Wellenbeanspruchungen linear zu. Gegenüber einer Kurbelwelle weist die Exzenterwelle wesentliche Vorteile auf, weil sie keine Kröpfungen hat, die Übergangsradien zu den Exzentern sehr groß ausgeführt werden können und keine Kerbstellen vorhanden sind, ihr kann daher eine hohe Belastung zugemutet werden. Kritisch können die Grundlager werden, deren Breite im Verhältnis zum Durchmesser im Hinblick auf Kantenträger beschränkt ist (s. a. Abschnitt 5.67).

Man hat mit einem Verhältnis $B/e = 4$ begonnen und ist im Laufe der Entwicklung auf $B/e = 5$ heraufgegangen, es ist wohl möglich, daß

[1] Näheres über den Vergleich verschiedener Bauarten s. [8].

[2] Die Benennung der Bauteile wurde von einer Testgruppe festgelegt [9]. Näheres s. a. Abschnitt 5.8.

dieser Wert besonders bei 2-Kolbenmotoren noch vergrößert werden kann.

5.15 Verdichtung

Wie Bild 65 erkennen läßt, werden die Toträume zwischen Kolben und Trochoide mit abnehmendem R/e immer größer, und damit wird die mögliche Verdichtung niederer. Die ideelle Verdichtung, d. h. ohne Abstand des Kolbens zur Trochoide und ohne Kolbenmulde ist:

$$\varepsilon_{\text{id}} \cong \frac{3}{2}\sqrt{3}\,\frac{R+a}{e} \cong 2{,}6\,\frac{R+a}{e} \left(\text{Fehler} < 0{,}5\%\ \text{für}\ \frac{R+a}{e}\ \text{von 6 bis 9}\right) \tag{15}$$

Eine genauere Berechnung von ε_{id} erübrigt sich im Hinblick auf die Toleranzen der Kolbenmulde und des Abstandes des Kolbens von der Laufbahn.

Die untere Grenze für $(R + a)/e$ ist aus konstruktiven Gründen gegeben, unter $(R + a)/e = 6{,}5$ lassen sich Öl- und Gasdichtung kaum mehr unterbringen (s. a. Bild 104).

5.16 Kinematik der Dichtleisten

Die Dichtleisten bewegen sich mit ungleichmäßiger Geschwindigkeit auf der Laufbahn (s. a. [34]). Es ist:

$$v = \omega \sqrt{e^2 + \frac{R^2}{9} + \frac{2}{3}\,e \cdot R \cdot \cos\frac{2}{3}\gamma} \tag{16}$$

$$v_{\max} = \omega\left(e + \frac{R}{3}\right)$$

$$v_{\min} = \omega\left(e - \frac{R}{3}\right).$$

Die größte Geschwindigkeit wird in der langen, die kleinste in der kurzen Achse erreicht (s. a. Bild 93).

Die Berührung der Dichtleiste mit der Laufbahn erfolgt unter dem Schwenkwinkel φ (s. Abschnitt 5.11), nur in den Hauptachsen ist $\varphi = 0$. Die Größtwerte für φ ergeben sich, wenn der Winkel bei A (s. Bild 67) 90° beträgt; für $\varphi_{\max}$ ist:

$$\alpha_{\varphi\max} = n\,\frac{3}{2}(\varphi_{\max} + 90°) \approx 180°,\ 360° \ldots,$$

n ist ganzzahlig.

$\varphi_{\max}$ ist von R/e abhängig, mit zunehmendem R/e nimmt $\varphi_{\max}$ ab. Ein großer Schwenkwinkel ist nicht nachteilig, sondern für die Abnützung der Dichtleiste sogar günstig, auch schadet eine hohe Dichtleistengeschwindigkeit nicht (s. a. Abschnitt 5.611). Die Dicke der Leiste d muß so gewählt werden, daß $\varphi_{\max}$ nicht an die Dichtleistenkante kommt, bzw. es muß der Kuppenradius nach der Dichtleistendicke gewählt werden.

$$r_s \leqq \frac{d}{2 \cdot \sin \varphi_{\max}}.$$

Mit dünnerer Dichtleiste wird der Kuppenradius und bei genauer Auslegung auch die Aequidistante kleiner.

An der Dichtleiste wirken folgende Kräfte (s. a. Bild 73):

1. Gas- und Federkraft in Richtung Dichtleiste F_{G1},
2. Gaskraft in Richtung Nutflanke F_{G2},
3. Massenkraft in Richtung Dichtleiste F_F,
4. Beschleunigungskraft F_B in Richtung Nutflanke,
5. Reibungskraft an der Laufbahn F_R tangential am Berührungspunkt entgegen der Drehrichtung.

Die Gaskräfte in Richtung Dichtleiste und in Richtung Nutflanke unterscheiden sich nur durch die unterschiedlichen Wirkflächen.

Die Massenkraft F_F ist:

$$F_F = m \cdot \omega^2 \left(\frac{R}{9} + e \cdot \cos \frac{2}{3}\gamma\right), \qquad (17)$$

für $\gamma = 0°, 540° \ldots$, d. h. in der langen Achse:

$$F_{F\,\max} = m \cdot \omega^2 \left(\frac{R}{9} + e\right),$$

für $\gamma = 270°, 810° \ldots$, d. h. in der kurzen Achse:

$$F_{F\,\min} = m \cdot \omega^2 \left(\frac{R}{9} - e\right).$$

Wenn $R/e < 9$ ist, treten nach innen gerichtete Massenkräfte auf (s. Bild 72)

$$m = \frac{G_{DL}}{9{,}81},$$

G_{DL} = Gewicht der Dichtleiste.

Da in der kurzen Achse nur geringe Gasdruckunterschiede auftreten und somit die Andrückung durch den Gasdruck klein ist, kann die Dichtleiste bei hohen Drehzahlen hier abheben, was allerdings für die Kammerdichtheit keine großen Folgen hat. Die mechanischen Beanspruchungen vor allem der Dichtleistenfedern sind jedoch zu beachten.

Die Beschleunigungs-Kraft F_B ist:

$$F_B = m \cdot \omega^2 \cdot e \cdot \sin \frac{2}{3} \gamma \tag{18}$$

für $\gamma = 135°, 675° \ldots$ entgegen der Drehrichtung:

$$F_{B\,max} = m \cdot \omega^2 \cdot e ,$$

für $\gamma = 405°, 945° \ldots$ in Drehrichtung:

$$F_{B\,max} = m \cdot \omega^2 \cdot e ,$$

für $\gamma = 0°, 270°, 540° \ldots$:

$$F_B = 0 .$$

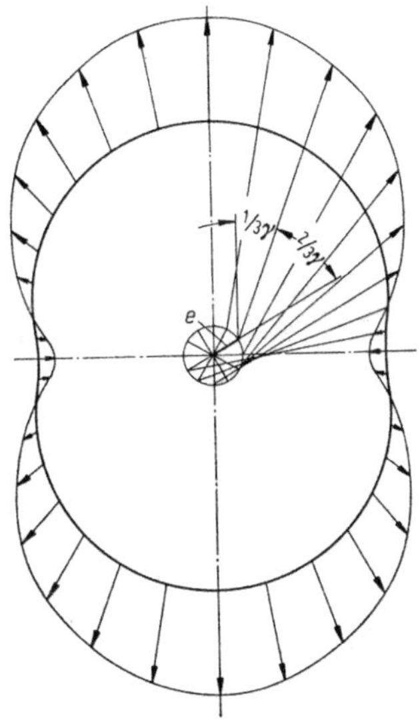

Bild 72. Massenkräfte der Dichtleiste.

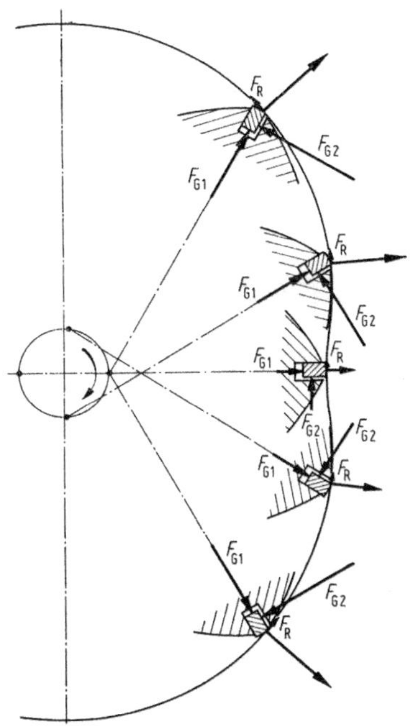

Bild 73. Lage der Dichtleiste in der Nut.

Die Reibungskraft F_R kann rechnerisch nicht erfaßt werden. Wie Bild 73 zeigt, liegt die Dichtleiste je nachdem, ob sie vor oder hinter ihrer Mitte die Laufbahn berührt, auf der hinteren oder vorderen Nutflanke des Kolbens an (die Massenkräfte wurden weggelassen). Auch ohne Gasdruck ist die Anlage auf der vorderen Nutseite möglich, wenn F_R klein ist.

Zur schnellen Erfassung der Kenngrößen eines Motors kann die Tafel auf S. 71 dienen. Für eine Einheitsmaschine mit $e' = 1$ cm, $a' = 0$ und eine Exzenterwellendrehzahl $n_e' = 1000$ min^{-1} sind in Abhängigkeit von R/e eingetragen:

der maximale Schwenkwinkel φ_{max},
die Hubfläche A_h,
die Kompressionsfläche A_c',
die ideelle Vereichtung ε_{id},
die maximale und minimale Dichtleistengeschwindigkeit v_{max}, v_{min} und die nach außen bzw. nach innen gerichtete maximale Dichtleistenbeschleunigung b_a', b_i'.

Man erhält die Werte eines beliebigen Motors durch folgende Umrechnungen:

$$V_K = A_h' \cdot e^2 \cdot B \, [cm^3] ,$$

$$v_{max} = v_{max}' \cdot e \frac{n_e}{1000} \, [m/s] ,$$

$$v_{min} = v_{min}' \cdot e \frac{n_e}{1000} \, [m/s] ,$$

$$F_{Fa\,max} = 10 \, m \cdot b_a' \cdot e \left(\frac{n_e}{1000}\right)^2 \, [N]^1$$

in Richtung großer Achse nach außen,

$$F_{Fi\,max} = 10 \, m \cdot b_i' \cdot e \left(\frac{n_e}{1000}\right)^2 \, [N]$$

in Richtung kleiner Achse nach innen.

5.2 Drehmomentverlauf und Ungleichförmigkeit

Bild 74 zeigt, wie das Motor-Drehmoment zustandekommt; es ist:

$$M = F_G \cdot r = F_G \cdot e \cdot \sin \frac{2}{3} \alpha . \tag{19}$$

Sofern der Gasdruck gleichmäßig auf die Kolbenfläche wirkt, ist am Kolben kein Drehmoment vorhanden, die Verzahnungen — Hohlrad

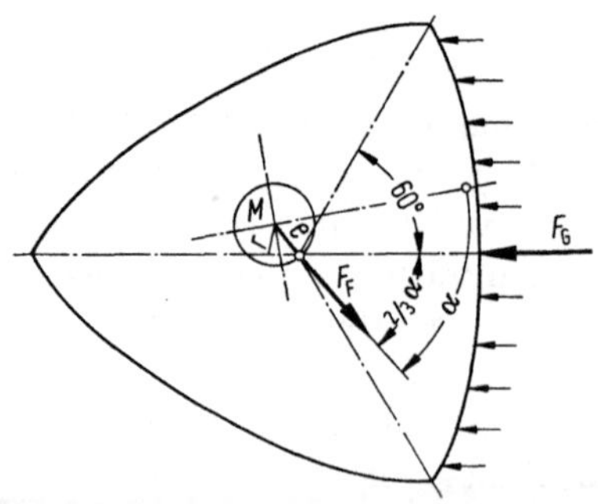

Bild 74. Drehmoment.

[1] 9,81 N (Newton) = 1 kp.

am Kolben und Ritzel am Gehäuse — sind kräftefrei, sie dienen nur zur Orientierung des Kolbens. Auch die Fliehkräfte F_F erzeugen kein Drehmoment, da der Schwerpunkt immer in der Kolbenmitte liegt. Es ergibt sich eine konstante umlaufende Massenkraft, die sich durch Gegengewichte ausgleichen läßt.

Kenndaten einer Einheitsmaschine mit $e' = 1{,}0$ cm, $a' = 0$, $n'_e = 1000$ min^{-1}

R/e	φ_{max}°	A'_h [cm²]	A'_c[cm²]	ε_{id}	v'_{max}[m/s]	v'_{min}[m/s]	b'_a[m/s²]	b'_i[m/s²]
6,0	30,00	31,17	2,13	15,6	3,14	1,04	182,76	36,55
1	29,45	31,69	2,12	15,8	3,17	1,08	183,98	35,33
2	28,93	32,21	2,12	16,1	3,21	1,11	185,20	34,11
3	28,43	32,73	2,12	16,4	3,24	1,15	186,42	32,89
4	27,95	33,25	2,11	16,6	3,28	1,18	187,64	31,68
5	27,48	33,77	2,11	16,9	3,31	1,22	188,86	30,46
6	27,03	34,29	2,11	17,2	3,35	1,25	190,08	29,24
7	26,60	34,81	2,11	17,4	3,38	1,29	191,29	28,02
8	26,17	35,33	2,10	17,7	3,42	1,32	192,51	26,80
9	25,77	35,85	2,10	18,0	3,45	1,36	193,73	25,58
7,0	25,37	36,37	2,10	18,2	3,49	1,39	194,95	24,36
1	24,99	36,89	2,10	18,5	3,52	1,43	196,17	23,15
2	24,62	37,41	2,10	18,8	3,56	1,46	197,39	21,93
3	24,26	37,93	2,10	19,0	3,59	1,50	198,61	20,71
4	23,91	38,45	2,09	19,3	3,63	1,53	199,82	19,49
5	23,57	38,97	2,09	19,5	3,66	1,57	201,04	18,27
6	23,24	39,49	2,09	19,8	3,70	1,60	202,26	17,05
7	22,93	40,01	2,09	20,0	3,73	1,64	203,48	15,84
8	22,61	40,52	2,09	20,3	3,76	1,67	204,70	14,62
9	22,31	41,04	2,09	20,5	3,80	1,71	205,92	13,40
8,0	22,02	41,56	2,09	20,7	3,83	1,74	207,13	12,18
1	21,73	42,08	2,10	21,0	3,87	1,78	208,35	10,96
2	21,46	42,60	2,10	21,2	3,90	1,81	209,57	9,74
3	21,18	43,12	2,10	21,5	3,94	1,85	210,79	8,52
4	20,92	43,64	2,10	21,7	3,97	1,88	212,01	7,31
5	20,66	44,16	2,10	21,9	4,01	1,91	213,23	6,09
6	20,41	44,68	2,10	22,2	4,04	1,95	214,45	4,87
7	20,17	45,20	2,10	22,4	4,08	1,98	215,66	3,65
8	19,93	45,72	2,10	22,6	4,11	2,02	216,88	2,43
9	19,69	46,24	2,10	22,9	4,15	2,05	218,10	1,21
9,0	19,47	46,76	2,11	23,1	4,18	2,09	219,32	0

Im Gegensatz zum Hubkolbenmotor, bei dem jeder Takt 180° Kurbelwinkel durchläuft, hat der Wankelmotor jeweils 270° Exzenterwellenwinkel; um 360° bzw. 720° phasenversetzt erfolgen am selben Kolben nochmals die gleichen Arbeitsspiele (s. a. Abschnitt 5.13). Hierdurch wird das Drehkraftdiagramm einmal in die Länge gezogen, zum anderen in seinem Verlauf beeinflußt. Bild 75 zeigt die unterschiedlichen Diagramme für den 1-Kolben-Wankelmotor im Vergleich zum 2-Zylinder-4-Takt-Hubkolbenmotor. Man erkennt die kleineren über bzw. unter dem mittleren Drehmoment liegenden Flächen, die als Arbeit zur Beschleunigung bzw. Verzögerung der Drehzahl anzusehen sind und den Ungleichförmigkeitsgrad des Motors ∂ ergeben. Es ist:

$$\partial = \frac{\omega_{\max} - \omega_{\min}}{\omega} = \frac{A_{ü}}{\omega^2 \cdot \sum \Theta},$$

$A_{ü}$ = Überschußfläche über dem mittleren Drehmoment,

$\omega = \frac{\pi \cdot n}{30}$,

n = Kurbel- bzw. Exzenterwellendrehzahl [$\min^{-1}$],

$\sum\Theta$ = Summe der Trägheitsmomente aller drehenden Teile.

Der günstigere Verlauf des Drehmoments wird noch wesentlich deutlicher, wenn man Wankelmotoren mit 2, 3 und 4 Kolben 4, 6 und 8 Zylindermotoren gegenüberstellt. Für gleiche Werte von V_H und $\Sigma\Theta$ ergeben sich folgende Vergleichszahlen für den Ungleichförmigkeitsgrad:

2 Zylinder-Hubkolbenmotor	17,5
1 Kolben-Wankelmotor	13,0
4 Zylinder-Hubkolbenmotor	5,37
2 Kolben-Wankelmotor	2,46
6 Zylinder-Hubkolbenmotor	1,97
8 Zylinder-Hubkolbenmotor	1,00
3 Kolben-Wankelmotor	0,548
4 Kolben-Wankelmotor	0,214

Man ersieht, daß der 2-Kolben-Wankelmotor im Ungleichförmigkeitsgrad dem 4-Zylinder-Hubkolbenmotor beträchtlich überlegen ist

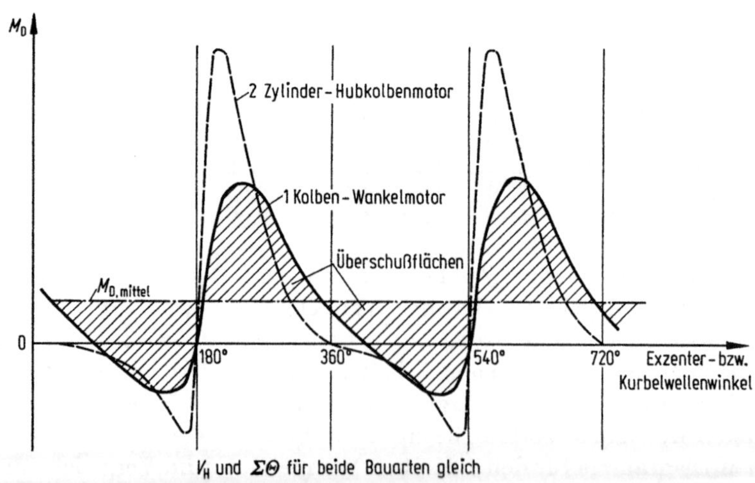

Bild 75. Drehmomentverlauf von 1-Kolben-Wankelmotor und 2-Zylinder-Hubkolbenmotor.

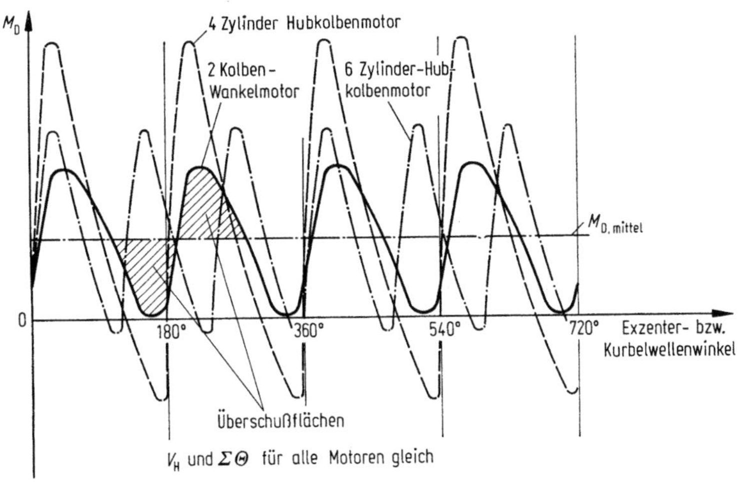

Bild 76. Drehmomentverlauf von 2-Kolben-Wankelmotor und 4- und 6-Zylinder-Hubkolbenmotor.

und dem 6-Zylinder-Hubkolbenmotor schon recht nahe kommt (s. a. Bild 76); der 3-Kolben-Wankelnmotor ist wesentlich günstiger als der 8-Zylinder-Hubkolbenmotor.

Wenn nicht andere Gründe wie z. B. Einbauvorteile oder Baureihenüberlegungen vorliegen, ist nicht einzusehen, warum man mehr als 2 Kolben beim Wankelmotor wählen soll (s. a. Abschnitt 5.7).

5.3 Gassteuerung und Gaswechsel

Der Wankelmotor steuert mit dem Kolben die Ein- und Auslaßöffnungen, die im Mantel oder den Seitenscheiben angebracht sind, es werden daher keine besonderen Steuerungsteile notwendig. Hierdurch ergeben sich große Vorteile im Bauraum, den Kosten, den mechanischen Geräuschen, der Wartung und der Drehzahlausnützung. Da mit einem Kolben gleichzeitig (phasenversetzt mit 1,5 fachen Taktlängen) 3 Arbeitsspiele durchgeführt werden, ersetzt eine Wankelmotoren-Einheit bestehend aus:

1 Mantel, 1 Kolben, 1 Welle mit 1 Exzenter

einen 2-Zylinder-Hubkolbenmotor bestehend aus:

2 Zylindern, 2 Kolben, 2 Pleueln, 1 Welle mit 2 Kurbelkröpfungen, 1 Zylinderkopf mit 2 Brennräumen, 4 Ventilen mit Federn, Hebeln usw., 1 Nockenwelle mit 4 Nocken.

Man kann die Steueröffnungen am Umfang der Laufbahn anbringen, sie werden dann durch die Kolbenspitzen gesteuert, oder man kann sie in die Seitenscheiben legen und durch die Kolbenkontur öffnen und schließen. Beim Auslaß wählt man üblicherweise nur die Umfangsöffnung, um unnötige Temperaturerhöhungen durch die Umlenkung der heißen Gase zu vermeiden, und auch um möglichst kurze Auslaßkanäle zu bekommen. Für die Frischgase dagegen wird sowohl Umfangs- wie Seiteneinlaß angewandt.

5.31 Umfangsein- und Auslaß

Bei der Wahl der Steuerzeiten ist man, wie Bild 77 zeigt, nicht frei. Um die Überschneidung, d. h. die Zeit, während der Auslaß und Einlaß miteinander verbunden sind, kurz zu halten, sollte man „Einlaß öffnet" und Auslaß schließt" möglichst weit auseinander legen; auch kann man die Öffnungen in die Breite ziehen. Dennoch ergeben sich gegenüber dem Hubkolbenmotor wesentlich größere Überschneidungen.

Dies bereitet vor allem beim Schubbetrieb und Leerlauf gewisse Schwierigkeiten (s. Abschnitt 5.331), bei geöffneter Drosselklappe treten dagegen keine Nachteile auf.

Bild 78 zeigt den gegenüber dem Hubkolbenmotor wesentlich anderen Ladungsvorgang des Wankelmotors. Rechts ist die sinusförmige Volumenänderung des Arbeitsraumes dargestellt, wie sie etwas verzerrt auch beim Hubkolbenmotor vor sich geht. Da die Frischgase zur Zeit des unteren Totpunktes kinetische Energie besitzen, legt man den Einlaß-Schluß später und erhält hierdurch einen Nachladeeffekt. Beim

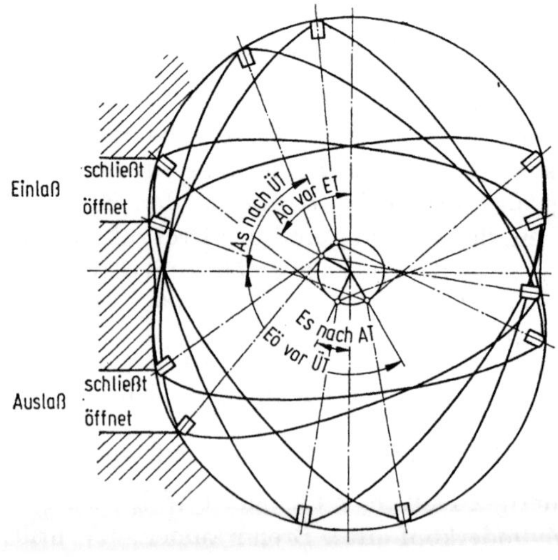

Bild 77. Steuerzeiten bei Umfangsein- u. Auslaß.

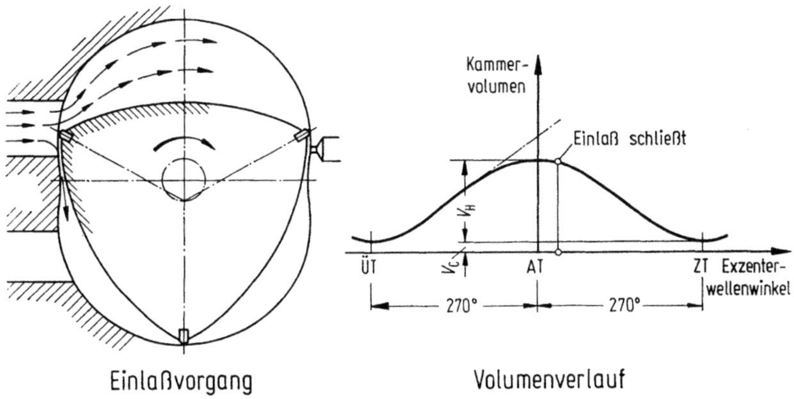

Bild 78. Ladungsvorgang bei Umfangseinlaß.

Hubkolbenmotor beeinflußt die Wahl von „Einlaß schließt“ die Charakteristik des Motors sehr viel stärker als beim Wankelmotor. Ein früher Einlaß-Schluß ist günstig für hohe Leistungsausbeute im unteren Drehzahlbereich, bringt jedoch Verluste in der maximalen Leistung, ein später Einlaß-Schluß ergibt einen ausgesprochenen Sportmotor mit hoher Endleistung und Verlusten unten. Die Steuerzeit „Einlaß schließt“ ist beim Hubkolbenmotor die wichtigste, alle übrigen Steuerzeiten haben auf den Leistungsverlauf verhältnismäßig geringen Einfluß.

Beim Wankelmotor hat der Einlaß-Schluß weit weniger Bedeutung, weil das nicht mehr in die ansaugende Kammer gelangende Frischgas in die nachfolgende strömt, diese zu füllen beginnt und schließlich auch das Abgas zurückdrückt (siehe Bild 78 links). Es muß also nicht wie beim Hubkolbenmotor nach dem Öffnen des Ventils die ruhende Gassäule in Bewegung gesetzt werden. Im Indikator-Diagramm läßt sich dieser Vorgang in einer positiven Fläche am Überschneidungstotpunkt nachweisen. Liegt der Einlaß-Schluß zu früh, hat die nachfolgende Kammer durch die Ausnützung der Frischgas-Energie eine bessere Füllung, die den Verlust in der ansaugenden Kammer zumindest teilweise wieder wettmacht; beim Hubkolbenmotor bleibt das nicht mehr in dem Zylinder gelangte Frischgas ungenützt. Da beim Wankelmotor mit Umfangsöffnung die Gaskanäle nie geschlossen sind und Arbeitsspiel auf Arbeitsspiel folgt, lassen sich vor allem bei hohen Drehzahlen durch entsprechende Abstimmung der Saugrohre sehr gute Liefergrade erzielen. In gleicher Weise reagiert der Wankelmotor auf die Auspufflängen, auch hier wird die Leistung durch die Schwingungsvorgänge erheblich beeinflußt.

Während man beim Hubkolbenmotor die Leistungs-Charakteristik weitgehend durch den „Einlaß-Schluß" bestimmt, geschieht dies beim Wankelmotor durch die Abstimmung von Saug- und Auspuffrohren. Da die Schwingungen drehzahlabhängig sind, ergibt sich ein welliger Verlauf des mittleren Nutzdrucks, man versucht nun, die Saug- bzw. Abgasseite jeweils so abzustimmen, daß sich die Wellen einigermaßen ausgleichen, ganz gelingt dies jedoch nicht.

Bei der Festlegung der Steuerzeiten und Steuerquerschnitte ist zu berücksichtigen, daß beim Wankelmotor bei gleicher Wellendrehzahl 1,5 mal so viel Zeit für jeden Takt gegenüber dem Hubkolbenmotor zur Verfügung steht, d. h. er hat z. B. bei einer Exzenterwellendrehzahl von 6000 min^{-1} für das Füllen des Arbeitsraumes mit Frischgas so viel Zeit wie ein Viertakthubkolben-Motor bei 4000 min^{-1} der Kurbelwelle. Ein Vergleich der Steuerquerschnitte beider Motorenbauarten ist daher nicht ohne weiteres möglich. Für den Füllungsvorgang ist auch von Bedeutung, daß das Frischgas ohne Umlenkung, d. h. ohne Kontraktion einströmt, somit der volle Querschnitt in Rechnung gesetzt werden kann, was beim Ventil keineswegs der Fall ist, und außerdem, daß das Frischgas nur mit kalten Wänden in Verbindung kommt und sich somit nicht durch Erwärmung ausdehnt, womit wiederum die Füllung beim Hubkolbenmotor verschlechtert wird.

Alle diese geschilderten Vorteile, die den Liefergrad erhöhen, können bei niederen Drehzahlen und Teillast für die Aufbereitung des Gasgemischs von Nachteil sein (s. a. Abschnitt 5.332).

Wie Bild 79 zeigt, öffnet Auslaß und schließt Einlaß sehr schnell und nicht wie beim Nocken-gesteuerten Ventil schleppend. Die Abgase entspannen rasch, man kommt mit sehr kleinen Auslaß-Querschnitten aus, zumal sich auch hier die lange Öffnungszeit bemerkbar macht. Es sei erwähnt, daß der Mercedes-Benz C 111 Vierkolben-Motor bei einer Leistung von 260 kW (350 PS) bei 7000 U/min^{-1} mit Auslaßleitungen von nur 25 mm lichter Weite auskommt.

Um die Auspuffgeräusche, die bei einer plötzlichen Entspannung entstehen, zu mildern, wurde vorgeschlagen, die Auslaßöffnung so auszubilden, daß sich zuerst ein kleiner Querschnitt ergibt, oder auch den Auslaß-Kanal in 3 zueinander versetzte Bohrungen aufzuteilen (Toyo Kogyo) (s. Bild 80).

Im Bereich des Überschneidungstotpunktes können die Steueröffnungen nicht voll wirksam sein, die tatsächlichen für die Strömung verfügbaren Querschnitte werden durch den Abstand der Kolbenkontur von der Trochoiden-Laufbahn bestimmt, die Verzerrung der Diagramme ist in Bild 79 deutlich zu erkennen. Für die Überschneidung, d. h. die Verbindung von Ein- und Auslaß ist auch die Gestaltung der Kolbenmulde von Bedeutung. Bild 81 zeigt dieses; zu beachten ist, daß

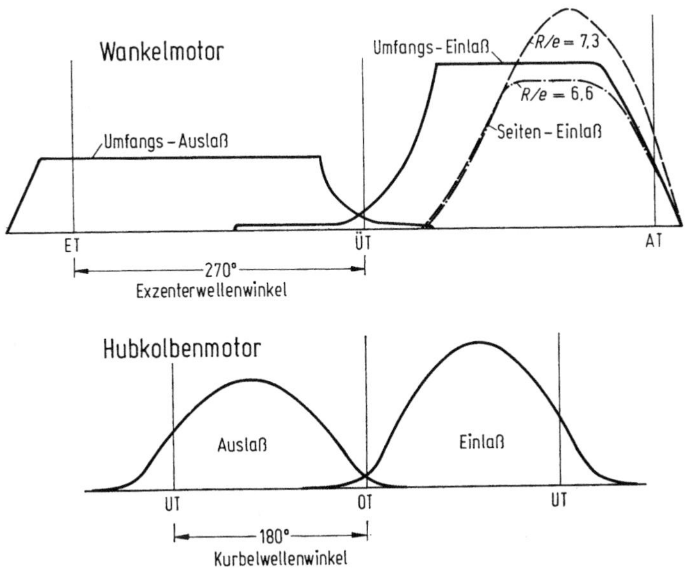

Bild 79. Steuerquerschnitte.

in Bild 79 die Querschnitte für Ein- bzw. Ausströmen dargestellt sind, in Bild 81 dagegen die Verbindung von Ein- und Auslaß gezeigt ist.

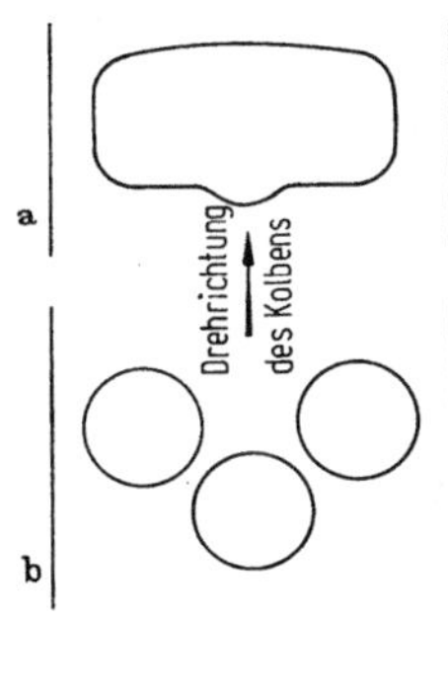

Bild 80a–b. Auslaßsteueröffnungen.

5.32 Seiteneinlaß

Beim Seiteneinlaß liegen wesentlich andere Verhältnisse als beim Umfangeinlaß vor, weil „Einlaß öffnet" erst nach dem Überschneidungstotpunkt liegen kann (s. Bild 79). Die Steueröffnung ist gegeben durch folgende Bedingungen (s. Bild 82):

Die äußere Begrenzung, d. h. „Einlaß öffnet", muß soweit innen liegen, daß die Eckbölzchen der Gasdichtung genügend Auf-

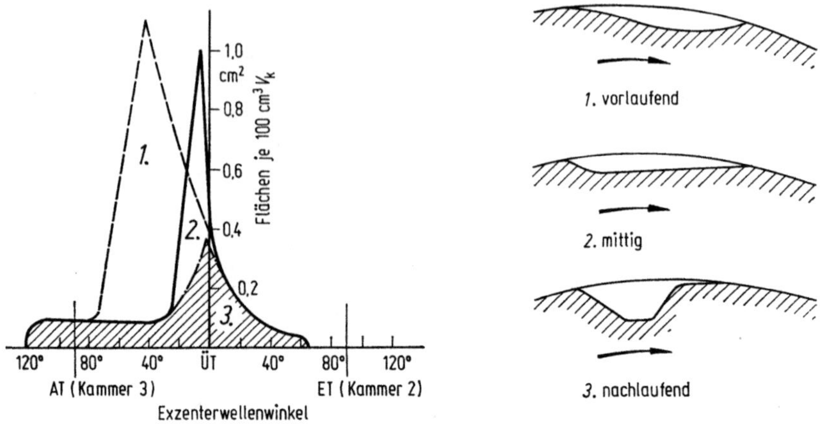

Bild 81. Überschneidungsquerschnitte.

lage haben und auch die Dichtstreifen noch so geführt werden, daß sie nicht durch die obere Kanalkante abgebrochen werden.[1]

Die obere Begrenzung, d. h. „Einlaß schließt“, ist durch die gewünschte Steuerzeit und die Kolbenkontur gegeben.

Die innere Begrenzung, maßgebend für A_{max}, wird durch die Kolbenkontur bzw. durch die Öldichtung bestimmt; die Öldichtung darf nicht überlaufen, da sonst eine Verbindung vom Triebwerkraum zum Einlaßkanal vorhanden wäre.

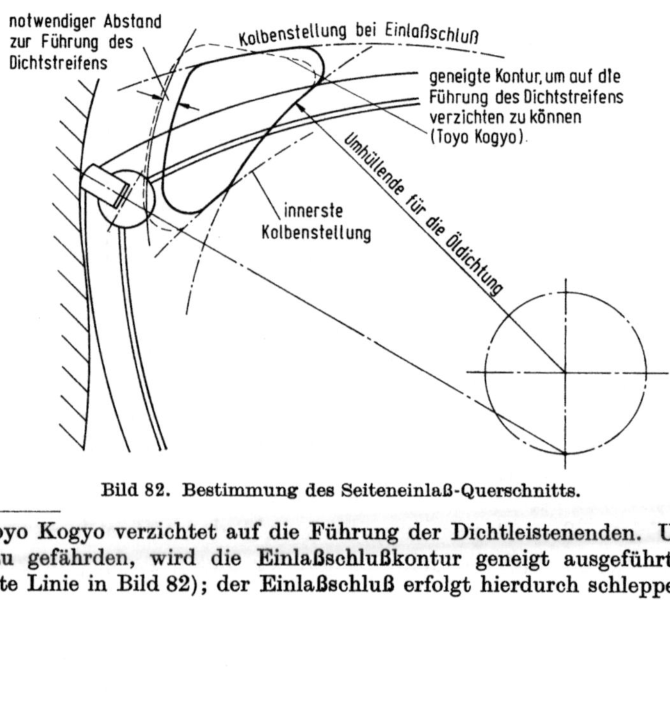

Bild 82. Bestimmung des Seiteneinlaß-Querschnitts.

[1] Toyo Kogyo verzichtet auf die Führung der Dichtleistenenden. Um diese nicht zu gefährden, wird die Einlaßschlußkontur geneigt ausgeführt (s. gestrichelte Linie in Bild 82); der Einlaßschluß erfolgt hierdurch schleppend.

Zur Erzielung einer guten Füllung bringt man zweckmäßigerweise auf beiden Seiten Einlaß-Öffnungen an, wobei man bei Verwendung eines Registervergasers mit den beiden Stufen jeweils einen Einlaßkanal verbindet. Man bekommt dann bei Teillast höhere Gasgeschwindigkeiten (s. a. Abschnitte 5.332 und 5.93). Mit zunehmendem R/e nehmen die Querschnitte zu (s. Bild 79), auch ist mehr Platz für die Öldichtung vorhanden.

Im Gegensatz zum Umfangseinlaß sind beim Seiteneinlaß die Öffnungen zeitenweise geschlossen, sie sind auch nie gleichzeitig mit zwei Kammern in Verbindung. Damit entfällt der in Bild 78 dargestellte Aufladeeffekt, die Folge sind wesentlich geringere Liefergrade und damit verminderte mittlere Nutzdrücke (vgl. Bilder 153 und 164). Welche Vorteile der Seiteneinlaß haben kann, wird im Abschnitt 5.331 behandelt.

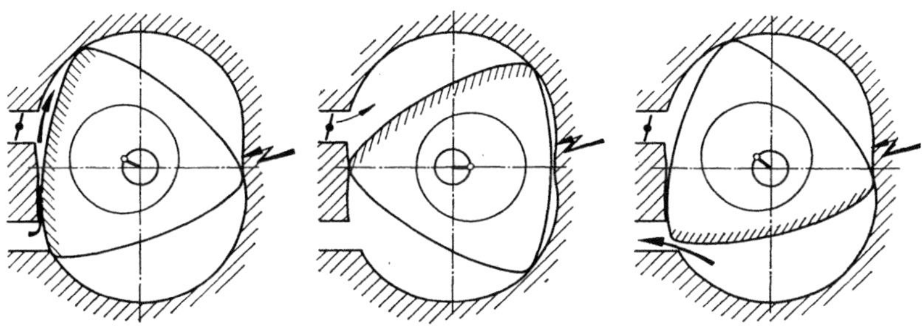

a Ansaugen aus dem Auslaß

b Ansaugen aus dem Einlaß. Querschnitt klein, da Drosselklappe fast geschlossen

c Ausschieben von verbranntem, bzw. unverbranntem Gas

Bild 83a–c. Aussetzervorgang bei geschlossener Drossel.

5.33 Gasströmung und Kraftstoffaufbereitung

Je nach dem Betriebszustand ergeben sich sehr verschiedene Verhältnisse für die Gasströmung und damit auch die Kraftstoffaufbereitung.

5.331 Schubbetrieb und Leerlauf. Wenn die Gasdrossel nahezu geschlossen ist, wird durch den sich vergrößernden Arbeitsraum über den Spalt zwischen Kolben und Laufbahn so lange bevorzugt Abgas angesaugt, bis die Auslaßöffnung geschlossen ist, weil der Querschnitt für das Abgas wesentlich größer als derjenige für Frischgas an der Drossel ist (s. Bild 83a). Erst nach dem Auslaß-Schluß wird noch einiges Frischgas angesaugt, das möglicherweise zur Zündung nicht ausreicht (Bild 83b) und nach ca. 2 Umdrehungen der Exzenterwelle in den Auslaßkanal übergeschoben wird (Bild 83c). Nach einer weiteren Wellenumdrehung wird nun dieses nicht verbrannte Gemisch wieder angesaugt (Bild 83a), zusammen mit zusätzlichem Frischgas kann nun ein für die Zündung zuverlässigeres Gemisch vorhanden sein, so daß nach weiteren 3 Umdrehungen wieder Abgas angesaugt wird usf. Wenn dieser Vorgang bei allen drei Kolbenflanken nacheinander auftritt, was nach dem Schließen der Drosselklappe zu erwarten ist, dann folgen 3 Aussetzern 3 Zündungen; es kann auch sein, daß nach 6, 9 oder mehr Aussetzern 3 Zündungen kommen, nämlich dann, wenn der Frischgasanteil erst nach mehreren Umdrehungen so groß ist, daß eine Zündung möglich ist. Auch bei hohen Drehzahlen gibt es im Schub, d. h. bei geschlossener Drosselklappe, immer Zündungen, das nicht gezündete Gemisch gelangt wieder in den Arbeitsraum und zwar so lange, bis es zündfähig ist. Beim Ventil-gesteuerten Hubkolbenmotor kann Gas aus dem Abgaskanal nicht mehr angesaugt werden; wenn nicht genügend Frischgas im Zylinder ist, d. h. über einer gewissen Drehzahl, setzt die Zündung vollständig aus.

Diese Vorgänge beim Wankelmotor sind unabhängig von der Lage der Einlaßöffnungen am Umfang oder in den Seitenscheiben, maßgebend ist, daß der Auslaß noch geöffnet ist, wenn sich der Arbeitsraum schon beträchtlich vergrößert hat. Zu beachten ist, daß jede Kolbenflanke ihren Rhythmus hat, der sich nach 3 Wellenumdrehungen wiederholt.

Wenn die Zündaussetzer mit der Eigenfrequenz des Fahrzeugs in Resonanz kommen, dann treten Längsschwingungen auf, die als sehr störendes Ruckeln empfunden werden. Zur Abhilfe muß dafür gesorgt werden, daß vor allem in den kritischen Bereichen bei jeder Motorumdrehung ein gleiches zündfähiges Gemisch vorhanden ist, gegebenenfalls muß durch leichtes Öffnen der Drosselklappe der Frischgasanteil angehoben werden. Auch zur Erhaltung hoher Temperaturen im Nachbrenner (s. Abschnitt 5.5) ist die regelmäßige Zündung im Schub von großer Bedeutung.

Im Leerlauf ist ebenso wie beim Schubbetrieb der Abgasanteil sehr hoch, dazu kommt, daß die Gasgeschwindigkeiten bei der niederen Drehzahl und den langen Taktzeiten gering sind und daher die Kraftstoffaufbereitung mangelhaft ist. Beim Einströmen durch einen Ventilspalt liegen wesentlich günstigere Bedingungen vor, der Querschnitt ist zunächst klein, es treten beträchtliche Beschleunigungen und Verzögerungen im Gasstrom auf, wobei die Kraftstofftröpfchen zerrissen werden, und außerdem ist das Ventil heiß.

Beim Leerlauf weist der Seiteneinlaß gegenüber dem Umfangseinlaß Vorteile auf. Einmal wird das Frischgas mehrfach umgelenkt, was die Kraftstoffaufbereitung verbessert, zum anderen fehlt im Arbeitsraum dasjenige Abgas, das beim Umfangseinlaß bei der früheren Einlaßöffnung in den Raum zwischen Laufbahn und Drosselklappe und auch in die Leerlaufleitungen dringen konnte und nach dem Auslaßschluß zuerst wieder angesaugt wird; allerdings sind die Saugleitungen erheblich länger als bei Umfangseinlaß.

Man muß beim Umfangseinlaß anstreben, „Einlaß öffnet" möglichst spät zu legen und die Drosselklappen dicht an die Laufbahn heranzubringen (s. a. Bild 85 und 162).

5.332 Vollast und Teillast. Von großem Einfluß ist die Motordrehzahl. Bei hohen Drehzahlen ergeben sich durch die in Abschnitt 5.31 geschilderten Vorgänge sehr gute Liefergrade, auch die Kraftstoffaufbereitung ist bei den gegebenen Gasgeschwindigkeiten und heißen Kolbenflächen in Ordnung. Solange der Arbeitsraum ein großes Volumen hat, bildet sich durch die Kolbenbewegung ein Wirbel (s. Bild 84). Die vorlaufende Kolbenflanke macht ein Volumen auf, die nachlaufende

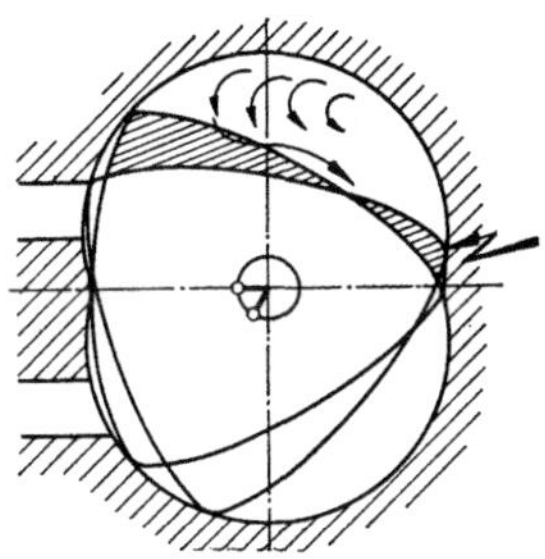

Bild 84. Wirbelbildung im Arbeitsraum.

verdrängt ein solches. Auf dem kürzesten Weg erfolgt der Ausgleich, d. h. es entsteht der dargestellte Wirbel, der für eine Homogenisierung des Gemisches sorgt. Wenn der Arbeitsraum zum Zündtotpunkt hin kleiner, d. h. flacher wird, verschwindet der Wirbel, das Gemisch bewegt sich mit der Kolbenflanke und wird dabei komprimiert.

Bei niederen Drehzahlen sind die Gasgeschwindigkeiten kleiner, und der Wirbel im Arbeitsraum ist schwächer, zudem sinken die Kolbentemperaturen, d. h. die Kraftstoffaufbereitung verschlechtert sich, bei Teillast kann es an den kalten Wänden zu Kraftstoffkondensation kommen. Der flüssige Kraftstoff befindet sich infolge seines höheren spezifischen Gewichts im hinteren Zwickel des Brennraumes, der schlecht oder gar nicht an der Verbrennung teilnimmt (s. a. Abschn. 5.333), die Folge ist ein hoher Kraftstoff-Verbrauch. Bei Vergasermotoren werden zur Verbesserung der Kraftstoffaufbereitung häufig Registervergaser mit verhältnismäßig enger 1. Stufe gewählt. Zu beachten ist, daß bei einem Mehrkolbenmotor jede Einheit ihren gesonderten Registervergaser benötigt, weil die ununterbrochene Ansaugfolge nicht durch diejenige einer Nachbareinheit gestört werden darf.

Bild 85 zeigt den Registervergaser des NSU „Ro 80"; die 1. Stufe hat nur 18 mm ∅, die 2. Stufe 32 mm ∅. Beide Kanäle vereinigen sich erst im Mantel, die Drosselklappe der 2. Stufe befindet sich nicht im eigentlichen Vergaser sondern ganz vorne in dem gesonderten Zwischenteil (s. a. Abschnitt 5.331).

Bei Seiteneinlaß bietet sich die Verbindung der einzelnen Stufen des Registervergasers mit je einer der auf beiden Seiten befindlichen Saugleitungen an, so daß bei Teillast nur über eine Seite mit entsprechend höherer Gasgeschwindigkeit angesaugt wird (s. a. Bild 149). Der gegenüber Umfangseinlaß erwartete geringere Kraftstoffverbrauch konnte bisher nicht bestätigt werden, möglicherweise wirken sich die wesentlich längeren Saugleitungen nachteilig aus.

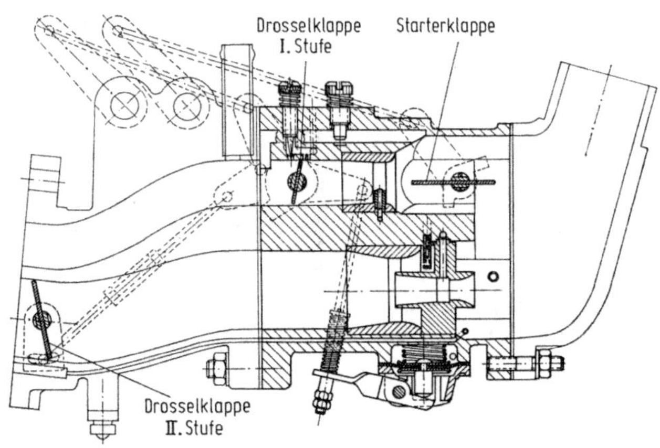

Bild 85. Registervergaser des NSU „Ro 80".

Je mehr die Drosselklappe geschlossen wird, desto weniger Frischgas strömt in Richtung Auslaß, schließlich wird Abgas angesaugt (s. a. Abschnitt 5.331), was im Hinblick auf die Schadstoff-Emission sogar erwünscht ist (s. Abschnitt 5.5).

5.333 Benzineinspritzung. Mit Benzineinspritzung ist man in der Lage, durch entsprechende Spritzrichtung und Spritzzeiten zu verhindern, daß das Kraftstoffgemisch im hinteren Teil des Brennraumes zu fett ist, erwünscht wäre hier sogar ein Luftpolster, das allerdings bei den auftretenden Gasbewegungen nicht leicht zu erreichen sein dürfte. Von Bedeutung ist, daß der Kraftstoff durch die Düse ausreichend aufbereitet wird, daß die Kraftstoffwolke mit der angesaugten Luft gut zusammenkommt, und daß die Aufbereitungszeit für das Gemisch möglichst lange ist. Es kann in den Arbeitsraum gespritzt werden, dennoch ist die Düse nicht den hohen Verbrennungstemperaturen ausgesetzt, im Gegensatz zum Hubkolbenmotor wandert ja der Arbeitsraum mit dem Kolben. Kaum brauchbar ist die elektronisch gesteuerte Benzineinspritzung, weil die Spritzdrücke zur Aufbereitung nicht ausreichen und eine Vorlagerung des Kraftstoffs wie beim Ventil des Hubkolbenmotors wegen der stets offenen Einlaßkanäle entfällt. Bei Benzineinspritzung kommt Seiteneinlaß wohl nicht in Frage.

Als Vorteil der Benzineinspritzung wäre noch zu erwähnen, daß die Anreicherung beim Beschleunigen, für die eine besondere Einrichtung beim Vergaser erforderlich ist, entfällt. Über den Raumnocken in der Einspritzpumpe können die verschiedenen Wünsche an das Kennfeld erfüllt werden.

Da bei Mehrkolbenmotoren für Kraftfahrzeuge jede Einheit einen Vergaser benötigt, ergibt sich ein beträchtlicher Aufwand, der bei 3 und 4 Kolbenmotoren kaum mehr vertretbar ist, zumal die richtige Einstellung der Vergaser in der Serie und im Kundenbetrieb große Schwierigkeiten bereitet. Die Benzineinspritzung ist wegen der geringeren Zahl Düsen, Stempel und Leitungen billiger als beim Hubkolbenmotor, sie bietet sich daher für Motoren mit mehr als 2 Kolben besonders an.

5.4 Verbrennung

Die thermodynamischen Vorgänge beim Wankelmotor unterscheiden sich in mancher Hinsicht von denjenigen des Hubkolbenmotors. Während bei diesem das Arbeitsspiel im gleichen Raume, d. h. unter Beibehaltung der abschließenden Wände vor sich geht, wandert der Arbeitsraum des Wankelmotors in Drehrichtung des Kolbens, die Außenwand des Arbeitsraumes ändert sich immerfort. Man kann daher das Indikator-Diagramm (Druck im Arbeitsraum in Abhängigkeit vom Volumen, bzw. dem Exzenterwellenwinkel) nicht wie beim Hubkolbenmotor mit einem Druckgeber erfassen, man benötigt dazu 3 bis 4 am Mantelumfang verteilte Geber, deren Anzeigen dann zusammenzusetzen sind. In den jeweiligen Bereichen spielt sich immer wieder der gleiche Vorgang ab, es gibt daher Zonen, die immer kalt, andere, die stets hoher thermischer Belastung unterworfen sind.

Die Verdichtungs- und Zünd-Drücke erreichen nicht die Werte der Hubkolbenmotoren, beim Wankelmotor sind die wärmeabführenden Flächen viel größer, ihre Temperaturen zudem in weitem Bereich nieder und auch die Zeiten für die Wärmeableitung infolge der 1,5fachen Takte länger. Bild 86 zeigt den Vergleich des Indikatordiagramms von Hubkolben- und Wankelmotor.

Wie Bild 87 erkennen läßt, findet in der Nähe des Zündtotpunktes eine Verschiebung des Brennraumes statt. Das zunächst oben befindliche Volumen wird in kurzer Zeit nach unten verdrängt, rechts im

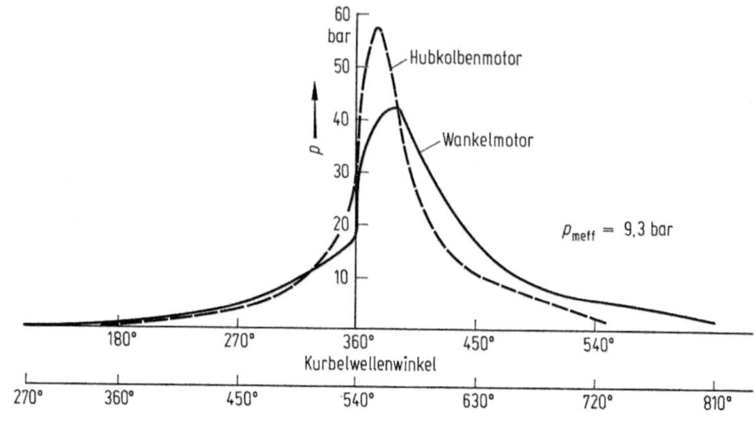

Bild 86. Indikator-Diagramm für Hubkolben- und Wankelmotor.

Bilde ist der Geschwindigkeitsverlauf eines Gas-Teilchens aufgezeichnet. Da die Brenngeschwindigkeit des von der Zündkerze entzündeten Gemischs wesentlich niederer ist als die Gasgeschwindigkeit, wandert die Flammenfront nur in Drehrichtung, die Flammenausbreitung erfolgt nicht kreisförmig, sondern ellipsenähnlich. Von oben wird das Gasgemisch in die annähernd an gleicher Stelle bleibende Flammenfront hineingeführt, unten läuft die Flamme dem Gemisch nach, gleichzeitig vermindern sich durch das größer werdende Volumen Druck und Temperatur.

Das Gemisch in den engen Zwickeln an den Ecken wird kaum ausgenutzt, es hat sich durch das hier ungünstige Oberflächen-Volumen-

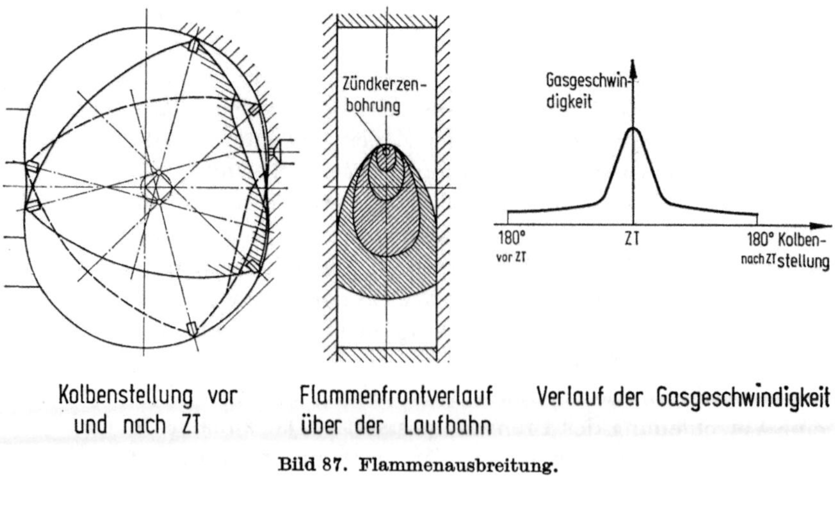

Bild 87. Flammenausbreitung.

Verhältnis zu weit abgekühlt. Der Verbrennungsablauf ist daher schleppend, was einerseits einen schlechteren thermischen Wirkungsgrad, andererseits eine sehr angenehme weiche Verbrennung zur Folge hat; mit zunehmender Drehzahl erfolgt die Durchzündung schneller. Bei Klingelbetrieb oder Glühzündungen kann die Flammenfront auch entgegen der Kolbendrehung laufen, hierdurch ergeben sich sehr hohe thermische Belastungen, denen die Bauteile nur kurze Zeit gewachsen sind, man muß daher für ausreichenden Klingelabstand und genügend warmfeste Zündkerzen sorgen.

Durch Anordnung von zwei über einander liegenden Zündkerzen eine schnellere Durchzündung zu erzielen, brachte wenig Erfolg, die thermische Beanspruchung der Bauteile war dagegen sehr hoch. Offenbar wiegen die größeren Wärmeverluste den Vorteil wieder auf. Dazu kommt, daß während des Übergleitens der Dichtleiste über die Kerzenöffnung ein Kurzschluß zur nachfolgenden Kammer entsteht, der umso schwerer wiegt, je weiter die Kerze von der Stelle entfernt ist, an der die Drücke in beiden Kammern gleich sind.

Um mit der Zündkerze möglichst viel Frischgas zu erfassen, soll sich die Zündkerze in Drehrichtung vor der kleinen Achse befinden, eine kompakte Mulde ist zu empfehlen. Mit Rücksicht auf den Druckunterschied der Kammern ist man dann jedoch gezwungen, die Zündkerze zurückzulegen und mit einem Schußkanal zu versehen; in der Nähe des Druckausgleichs ist dies nicht nötig (s. a. untere Zündkerze bei den Mazda-Motoren Bild 149 und Fichtel & Sachs-Motoren Bild 155).

Mit dem vorn befindlichen Teil des Arbeitsraumes muß ein zündfähiges Gemisch in den Kerzenraum geleitet werden, hierauf ist bei Ladungsschichtung zu achten.

Zweifellos ist der Wankelmotor in der Thermodynamik den Hubkolbenmotoren unterlegen, wie die Form des Verbrennungsraumes und die großen wärmeabführenden Flächen sofort erkennen lassen. Ausgleichend wirken der günstigere mechanische Wirkungsgrad, die höhere Klopffestigkeit infolge Fehlens der heißen Auspuffventile und durch die Bewegung des Arbeitsraumes insbesondere in Verbindung mit Benzineinspritzung gegebene Möglichkeiten, die dem Hubkolbenmotor versagt sind.

Der Wankelmotor hat wesentlich weniger Reibungsverluste erzeugende Lagerstellen, z. B. sind es beim 2-Kolbenmotor nur 2 bis 3 Grundlager und 2 langsamer drehende Kolbenlager, beim 4-Zylinder-Motor dagegen 3 bis 5 Grund- und 4 Pleuellager und dazu zahlreiche Lagerstellen in der Ventilsteuerung. Dies wirkt sich günstig beim Anlassen aus, das Losbrechmoment ist viel kleiner als beim Hubkolbenmotor, hinzu kommt, daß die Gasdichtung erst bei einer gewissen Drehzahl dichtet (s. a. Abschnitt 5.61) und zunächst wenig Verdichtungsarbeit zu leisten ist.

Für den geschleppten Motor kann man mit mittleren Reibungsdrücken p_r entsprechend den Streubändern des Bildes 88 rechnen, zu beachten ist vor allem der langsame Anstieg der Kurve mit zunehmenden Drehzahlen. Die bessere Klopffestigkeit des Wankelmotors gestattet auch bei Verwendung von Kraftstoffen mäßiger Oktanzahl eine hohe Verdichtung, man kann für $V_K \approx 500\ cm^3$ etwa $\varepsilon = 9$ für Kraftstoff ROZ = 91 als Richtwert ansehen.

Die thermodynamischen Verhältnisse lassen die Anwendung des Diesel-Verfahrens beim Wankelmotor wenig aussichtsreich erscheinen. Es bereitet Schwierigkeiten, die notwendigen Verdichtungsdrücke und -Temperaturen zu bekommen und zudem mit dem Kraftstoff die Luft

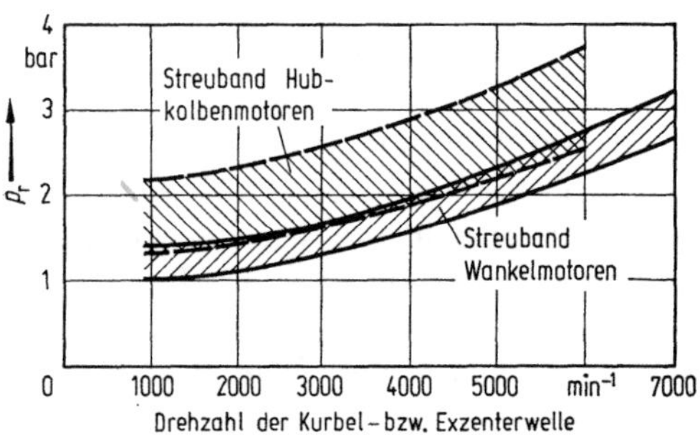

Bild 88. Mittlere Reibungsdrücke bei Hubkolben- und Wankelmotoren.

im flachen Verbrennungsraum zu erfassen. Die Düse muß gegenüber der Laufbahn zurückstehen und außerdem entfernt sich die Luft bei der Drehung des Kolbens; die Flammenfront kann wohl das wegwandernde Gemisch beim Otto-Verfahren erreichen, kaum jedoch der aus der Düse austretende Kraftstoffstrahl die Luft.

Zur Erzielung der für einen Dieselmotor notwendigen Verdichtung müßte R/e sehr groß gewählt werden (s. Formel 15), wodurch die Wärme-abführenden Flächen und die Brennraumform nochmals ungünstiger werden. Durch besondere Vorverdichtung versucht man, mit dem bei Otto-Motoren üblichen R/e auszukommen (s. a. Abschnitt 5.95 und 5.98).

5.5 Abgasreinigung

Durch die langsame Verbrennung (s. Abschnitt 5.4) und den bei Teillast vorhandenen Abgasanteil (s. Abschnitte 5.331 und 5.332) sind die Stickoxid-Emissionen (NO_x) beim Wankelmotor wesentlich geringer als beim Hubkolbenmotor (nur ca. 40%), was als Vorteil anzusehen ist, weil die Stickoxid-Reduzierung besonders schwierig ist. Auf eine zusätzliche Abgasrückführung spricht der Wankelmotor gut an, allerdings ist diese wegen der Fahreigenschaften des Wagens beschränkt.

Sehr viel schlechter als beim Hubkolbenmotor sind infolge der ungünstigen Brennraumform die Kohlenwasserstoff-Emissionen (HC), sie müssen in einem besonderen thermischen Nachbrenner oder auch Katalysator reduziert werden. Der Nachbrenner ist ein warmfester gut isolierter Topf in der Auspuffleitung, in den Frischluft gesaugt oder geblasen wird, um den zur Verbrennung fehlenden Sauerstoff bereitzustellen. Schwierigkeiten bereitet die Anbrennzeit, die nicht zu lange sein darf, besondere Vorkehrungen müssen getroffen werden. Wie

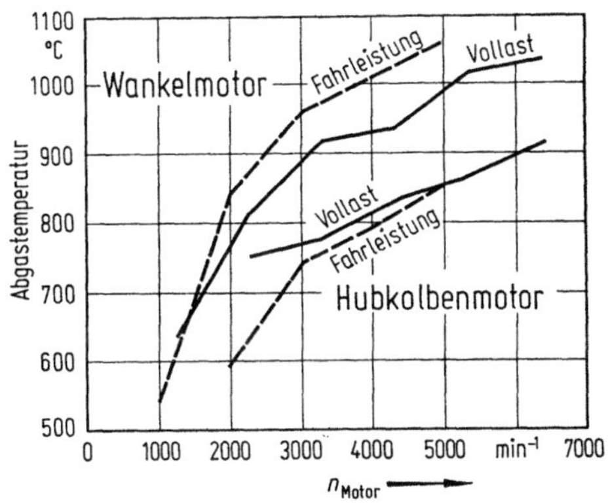

Bild 89. Abgastemperaturen bei Hubkolben- und Wankelmotoren – Fahrleistung = Leistung bei gleichbleibender Geschwindigkeit im großen Gang. Messungen des Motoreninstituts Prof. Dr. E. Huber, München.

Bild 89 zeigt, liegen die Abgastemperaturen beim Wankelmotor vor allem bei niederen Drehzahlen und geringer Last wesentlich höher als beim Hubkolbenmotor. Dies ist auf die ununterbrochene Abgasfolge und natürlich auch auf die schleppende Verbrennung zurückzuführen; ein Zylinder eines Hubkolbenmotors liefert auf 720° Kurbelwinkel nur während etwa 240° Abgas, bei der geringen Energiezufuhr im Teillastgebiet wirken sich die Abkühlungszeiten temperatursenkend aus. Da nicht verbrannte Kraftstoffanteile einen unangenehm stechenden Geruch erzeugen, bringt der Nachbrenner auch in dieser Hinsicht Vorteile. Möglicherweise wird die Entwicklung ebenso wie beim Hubkolbenmotor zum Katalysator oder auch zu einer Kombination von Nachbrenner und Katalysator führen.

Hinsichtlich der Kohlen-Monoxyde (CO), verhalten sich Hubkolben- und Wankelmotor etwa gleich.

Als besonderen Vorteil ist die Tatsache zu werten, daß der Wankelmotor keine oder nur eine geringfügige Minderung der Verdichtung benötigt, wenn die Kraftstoffe infolge der gesetzlichen Vorschriften ohne Blei geliefert werden müssen und damit wesentlich weniger klopffest sein werden. Beim Hubkolbenmotor ist mit einer Absenkung der Verdichtung um etwa eine Einheit zu rechnen, wodurch Leistung und Verbrauch um ca. 6 bis 8% ungünstiger werden.

5.6 Bauteile

5.61 Gasdichtung

Das Dichtsystem befindet sich beim Wankelmotor nur am Kolben (s. Bild 90). Die Dichtleiste ist meist 3-teilig, um sich auch axial anpassen zu können, sie wird durch eine flache Feder an die Laufbahn angedrückt, zum Abschluß ihres Nutraumes dienen federbelastete Eckbölzchen, in die die Dichtleiste eintaucht (s. Bild 91). An die Eckbölzchen legen sich die Dichtstreifen, unter denen sich Wellenfedern befinden, an und stellen die Verbindung zur nächsten Kolbenecke her. Die Dichtgrenze ist geschlossen, jede Kolbenflanke ist für sich abgedichtet. Undichte Stellen treten an den Dichtleistenenden und den

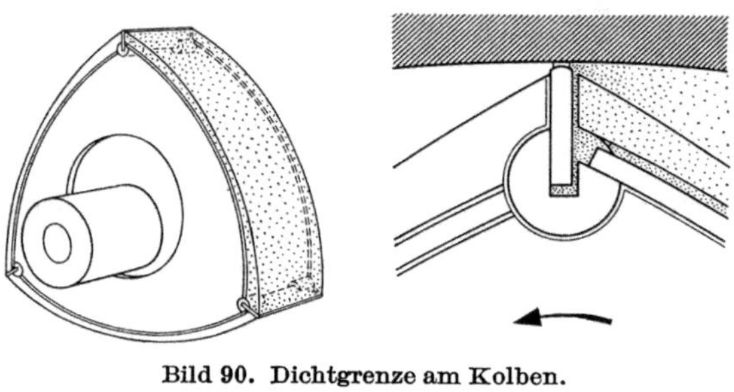

Bild 90. Dichtgrenze am Kolben.

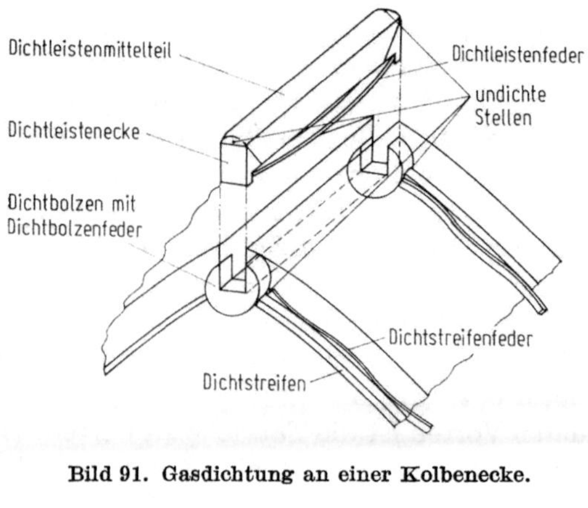

Bild 91. Gasdichtung an einer Kolbenecke.

Stoßstellen der Dichtstreifen auf. Glücklicherweise sind diese Partien thermisch nicht hoch belastet, weil die Flammenfront sie nicht oder erst sehr spät erreicht (s. Abschnitt 5.4). Es tritt zwar ein gewisser Gasverlust auf, — der Verbrennungsdruck pflanzt sich mit Schallgeschwindigkeit fort —, der die Leistung mindert, aber da die Gase nicht heiß sind, wird ein Ausbrennen wie z.B. bei einem undichten Ventil nicht bewirkt. Nur bei Klingeln oder Glühzündungen erreichen heiße Gase die undichten Stellen und erzeugen hohe Temperaturen. Man muß die weite Entfernung der Leckstellen von der Flammenfront als lebenswichtig für den Wankelmotor ansehen, hierdurch wird die Abdichtaufgabe ganz wesentlich erleichtert.

Das Dichtsystem arbeitet erst einwandfrei, wenn eine gewisse Motordrehzahl erreicht ist, weil der zur Dichtung notwendige Ölfilm (s. Abschnitt 2.311) aufgebaut werden muß. Dies ergibt sehr niedere Andrehmomente für das Anlassen, erfordert jedoch zum Anspringen des Motors höhere Drehzahlen als beim von vornherein dichten Hubkolbenmotor. Der Anlasser und seine Übersetzung müssen entsprechend ausgelegt werden.

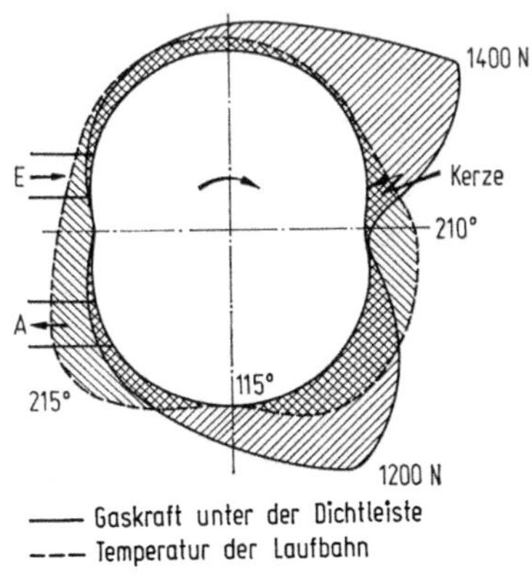

Bild 92.
Kraft- und Temperaturverlauf an der Laufbahn.

5.611 Dichtleiste. In Bild 92 ist der Gasdruck, der die Dichtleiste an die Laufbahn und die Nutflanke andrückt, aufgezeichnet. Man erkennt die in der Nähe des Zündtotpunktes auftretenden Spitzenwerte, bei denen die Berührungslinien der Dichtleistenkuppe mit der Laufbahn nicht weit vom maximalen Schwenkwinkel und zwar zur Zündkerze hin gerichtet sind (s. a. Abschnitt 5.16). Hierdurch werden die Nichtwirkflächen (s. Abschnitt 2.1) verkleinert, und die Andrückung durch das Gas wird erhöht, was gerade an diesen Stellen erwünscht ist.

Trägt man die Gas-, Massen- und Federkräfte, die an der Dichtleiste wirken, über den jeweiligen Berührungsstellen der Kuppe auf, dann ergibt sich Bild 93 ($n_e = 6000 \text{ min}^{-1}$, $p_{meff} = 9$ bar; bei anderen

Betriebszuständen ähnlich). Man sieht, daß die hohe Belastung auf der vorlaufenden Seite nicht weit von φ_{max} liegt. Das Bild zeigt auch, daß die einzelnen Zonen unterschiedlich lange belastet werden, in der Mitte der Kuppe wandert die Berührungsstelle schnell, nach außen immer langsamer, bis sie schließlich bei φ_{max} umkehrt. Der dauernde Wechsel der beanspruchten Stelle ist für den Verschleiß von großer Wichtigkeit, unter der Last entsteht immer nur kurze Zeit Wärme, die dann leicht abgeleitet werden kann. Am ungünstigsten ist der Wendepunkt auf der vorlaufenden Seite, weil hier auch die Drücke hoch sind. An dieser Stelle traten bei Werkstoffen mit schlechten Laufeigenschaften häufig Freßerscheinungen auf, die Dichtleiste wurde unter dem Winkel φ_{max} abgeschliffen und unbrauchbar. Die Bedeutung der

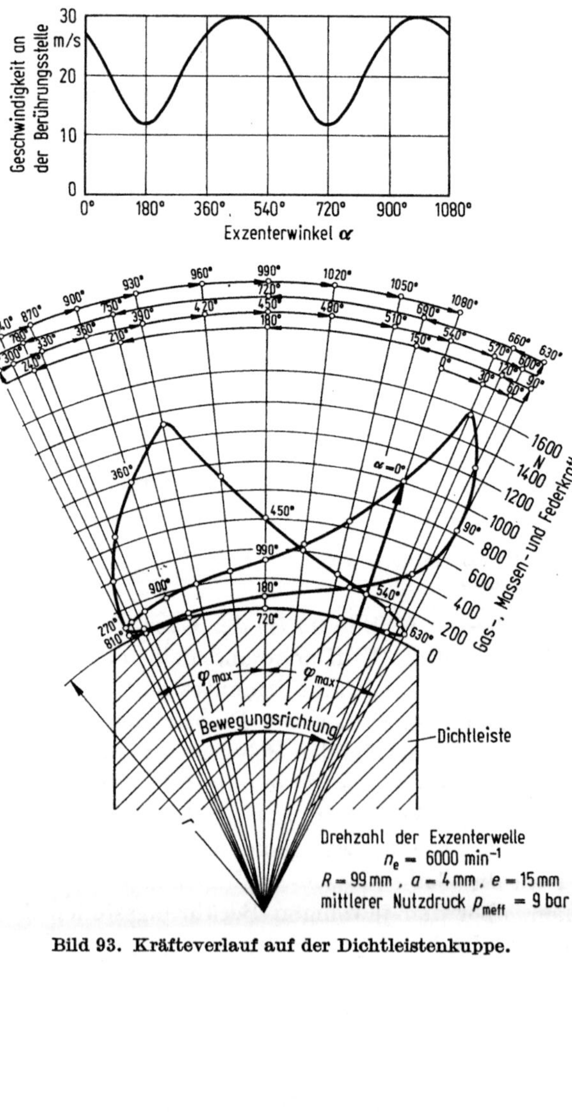

Bild 93. Kräfteverlauf auf der Dichtleistenkuppe.

Schwenkbewegung wies Wankel in einer Versuchsvorrichtung nach, bei dieser wurden Leisten auf einer ebenen Fläche unter einer gewissen Last hin- und herbewegt. Ohne Schwenken hatten die Leisten in kürzester Zeit große Abnützung, während sie mit Schwenken nur geringen Verschleiß zeigten.

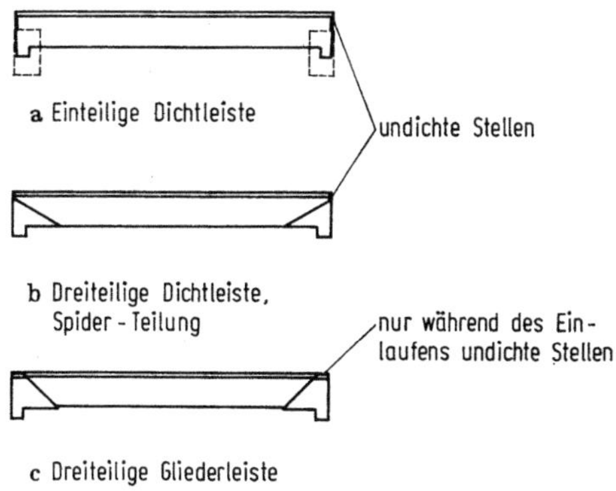

Bild 94a–c. Dichtleistenausführungen.

Zu Beginn der Wankelmotorenentwicklung führte man die Dichtleiste einteilig aus (s. Bild 94a); hierbei ergaben sich verhältnismäßig hohe Gasverluste vor allem bei niederen Drehzahlen, weil das Längenspiel nach dem ungünstigsten Betriebszustand dimensioniert werden muß, eine thermische Überbeanspruchung trat jedoch nicht ein. Für Motoren mit konstanten hohen Drehzahlen oder auch, wenn man sich in der Leistungsausbeute beschränkt, kann man einteilige Leisten verwenden. Bei den dreiteiligen Leisten gibt es zwei Ausführungen: die Spider-Teilung und die Gliederleiste[1] (s. Bild 94b und c). Die Länge ist bei der Spider-Teilung wie bei der einteiligen Leiste, jedoch sind die undichten Stellen viel kleiner. Nachteilig ist die Neigung des Einlaufens in die Seitenscheiben, offenbar wird bei einem Seitenwechsel des Kolbens die Dichtleiste, die ja vom Gas auf ihre Nutflanke gedrückt wird, mitgenommen, die kleine Stirnfläche gräbt sich ein, während sich das Eckchen unter die Leiste schiebt.

Die dreiteilige Gliederleiste vermeidet dies, sie muß so ausgeführt werden, daß im Neuzustand die Eckchen etwas tiefer stehen; durch Einlaufen der Dichtleisten bzw. der Eckchen auf den Seitenscheiben wird sie ganz dicht und bleibt es auch. Falls die Dichtleiste zurücksteht, kommt ein Einlaufen nicht zustande, weil sich kein ausreichender Gasdruck aufbaut.

---

[1] Diese Namensgebung stammt von NSU. „Spider" hieß der 1. NSU-Serienwagen mit Wankelmotor.

Nachteilig ist bei der Gliederleiste, daß an die Fertigung hohe Anforderungen gestellt werden — der Einlaufvorgang darf nicht zu lange dauern —, und daß bei Verwendung von spröden Dichtleistenwerkstoffen die scharfen Spitzen an den Enden gefährdet sind.

Die Leisten müssen eine gewisse Schlagfestigkeit haben, man kann sich vorstellen, daß im Betrieb Ölkohle am Kolben abplatzt, unter die Dichtleiste gerät und diese durch den Gasdruck auf Biegung beansprucht wird, bei zu geringer Schlagfestigkeit muß man mit Dichtleistenbrüchen rechnen. Sofern der verwendete Werkstoff nicht genügend Festigkeit hat, ist die Dichtleiste entsprechend stärker, vor allem höher zu dimensionieren. Bei Werkstoffen hoher Festigkeit hat sich die Abmessung Dicke 4 mm, Höhe 6 mm sehr gut bewährt, bei sehr niederer Festigkeit z.B. Kohle mußte man auf 6 × 10 mm gehen.

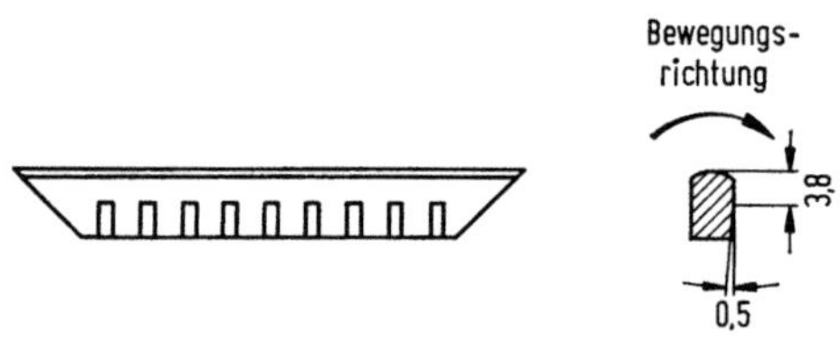

Bild 95. Taschen auf der Dichtleistenflanke zur Vermeidung von „Prasseln" (NSU).

Der Kuppenradius wird etwa gleich der Dichtleistendicke gewählt, die Berührungslinie bei φ_{max} hat dann genügend Abstand von den Kanten, im Betrieb vergrößert sich der Radius etwas. Bei der Spider-Teilung wählt man für die Eckchen meist 30° um nicht zu kleine Teile zu bekommen, bei der Gliederleiste sind 45° zu empfehlen, damit die Enden der Dichtleiste nicht zu scharf werden. Für die Dichtleistenfeder, die die Aufgabe hat, die Eckchen an die Leiste und diese wiederum an die Laufbahn anzulegen, genügt eine Kraft von 10—15 N, wichtig ist, daß die Eckchen auch bei abgenutzter Leiste nicht abheben; ein hochwarmfester Feder-Werkstoff ist natürlich erforderlich. Die zulässige Abnutzung der Dichtleiste kann bis zu 2,5 mm betragen, ohne daß diese undicht wird, ein sich vergrößernder Stoß wie beim Kolbenring ist nicht vorhanden.

Ein Flankenspiel der Leiste von 0,06—0,08 mm hat sich bewährt; wenn dieses zu klein ist, bzw. durch Verformung des Kolbens im Betrieb zu klein wird, kommt das Gas verzögert unter die Leiste und diese erfüllt ihre Dichtaufgabe nicht schnell genug. Es entsteht ein Durchschlagen in die folgende Kammer mit heftigem Geräusch, das als „Prasseln" bezeichnet wird. Zur Vermeidung dieses Vorganges wurden in besonderen Fällen Taschen auf der vorlaufenden Dichtleistenflanke angebracht (s. Bild 95). Man muß einen möglichst kleinen Nutgasraum anstreben, hierdurch werden auch die thermischen Belastungen gesenkt (s. a. [10]). Bei einteiligen Leisten oder bei Spider-Teilung ist ein Längsspiel von 0,2% der Dichtleistenlänge üblich, zu beachten ist, daß auch bei Kaltstart kein Klemmen auftreten darf, die Wärmedehnungen der Mantel- und Dichtleistenwerkstoffe sind sehr verschieden.

Ein großes Problem war lange Zeit der Verschleiß der Dichtleistenkuppe und zwar vor allem bei niederen Drehzahlen und Teillast. Hier ist der außerordentlich dünne Ölfilm (s. Abschnitt 5.613) nicht tragfähig und zudem besteht die Gefahr von Kraftstoffkondensation, wodurch der Ölfilm abgewaschen wird. Durch Verschleißuntersuchungen mit radioaktiven Leisten konnte nachgewiesen werden, daß eine niedere Kühlmitteltemperatur sehr ungünstig ist, außer der Kraftstoffkondensation tritt auch korrosiver Angriff auf. Mit zunehmender Drehzahl trägt der Ölfilm immer besser; die Ansicht, daß der Kolbenring des Hubkolbenmotors durch seine geringeren Gleigeschwindigkeiten und seinen regelmäßigen Stillstand gegenüber der Dichtleiste im Vorteil sei, ist irrig. Durch Isolierung der Dichtleiste und Messung des elektrischen Widerstandes zur Laufbahn ließ sich nachweisen, daß der Ölfilm bei niederen Drehzahlen sehr dünn ist, und daß er mit steigender Drehzahl schnell zunimmt[1].

Aus diesen Erkenntnissen ist zu schließen, daß die Paarung: Dichtleiste—Laufbahn gute Notlaufeigenschaften haben muß. Man begann mit Kohle-Leisten, die auf verchromter Laufbahn liefen. Es zeigte sich, daß ihre Festigkeit vor allem bei auftretendem Klingeln und bei hoher Leistungsausbeute oft nicht ausreichte, auch ließen sie sich nur schlecht in dreiteiliger Ausführung darstellen, ihr geringer Verschleiß entsprach jedoch den Erwartungen; sie werden als einteilige Leisten heute serienmäßig von Toyo Kogyo verwendet, in zäher Entwicklungsarbeit wurde ihre Festigkeit beträchtlich gesteigert.

Wenig erfolgreich waren Dichtleisten aus einem Kolbenringwerkstoff, sie versagten im Kurzstreckenbetrieb, bei dem sie bis zu 10-fachen Verschleiß gegenüber Überlandverkehr aufwiesen; für die Laufbahn hatte sich Nikasil (s. Abschnitt 5.65) als sehr geeignet erwiesen. Entscheidend bessere Ergebnisse wurden mit Leisten aus Werkstoffen mit geringem Metallanteil, z. B. gewissen Werkzeugstählen erzielt, ihr hohes spezifisches Gewicht (bis zu $\gamma = 14$ g/cm^3) zeigte keine besonderen Nachteile, ebenso mit Ferrotic (35% Titan-Karbid, $\gamma = 6{,}5$ g/cm^3) und heißgepreßtem Silizium-Nitrid ($\gamma = 3{,}2$ g/cm^3). Auch bei ungünstigen Betriebsbedingungen liegt der Verschleiß bei diesen Werkstoffen deutlich unter den zulässigen Werten. Für die Dichtleisten-Eckchen hat sich der für Kolbenringe übliche Werkstoff

[1] Die Untersuchungen wurden von der Fa. Goetze, Burscheid, durchgeführt.

gut bewährt, bei Spider-Teilung kommen sie mit der Laufbahn nicht in Berührung, bei der Gliederleiste bestimmt das Mittelteil ihre Abnützung.

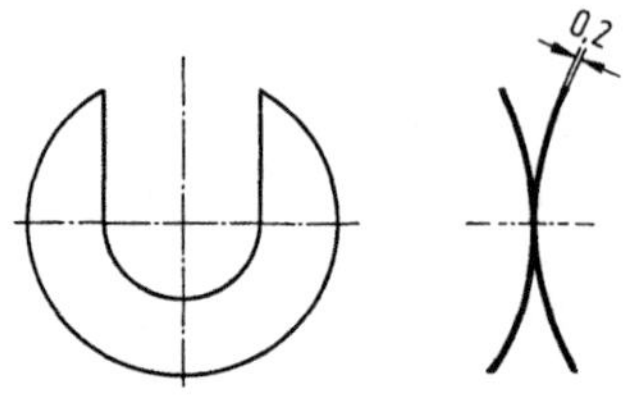

Bild 96. Bölzchenfeder.

5.612 Eckbölzchen und Dichtstreifen. Die Betriebsbedingungen für die Eckbölzchen und Dichtstreifen sind wesentlich günstiger als für die Dichtleisten. Die überstrichenen Flächen werden nicht von der Verbrennung beaufschlagt und außerdem haben sie geringere Temperaturen, man hat daher kaum Schwierigkeiten mit diesen Teilen.

Beide werden aus üblichem Kolbenringwerkstoff gefertigt. Für Dichtleisten bis 5 mm Dicke kommt man mit einem Bölzchen-Durchmesser von 10 mm aus, eine Bölzchen-Länge von 5—6 mm genügt. Einigen Kummer hat es mit den Bölzchen-Federn (s. Bild 96) gegeben, es werden meist gestanzte, aufeinander gelegte Tellerfedern verwendet, die ausgehend von Herstellungsanrissen zum Brechen neigen; ihre Anpreßkraft beträgt etwa 10 N.

Die Dichtstreifen sollten so dünn wie möglich sein, damit sie geringes Gewicht haben und sich der inneren Nutwand am Kolben gut anpassen können. Die Abmessung 1,25 × 2,3 mm hat sich gut bewährt, die Nut wird etwa 2,8 bis 3 mm tief; auch 1 mm starke Dichtstreifen werden serienmäßig verwendet (Toyo Kogyo). Am Stoß zum Eckbölzchen muß so viel Spiel vorgesehen werden, daß ein Klemmen und damit Abheben von der Nutwand mit Sicherheit vermieden wird. Der Stoß kann radial oder parallel (s. Bild 97) ausgeführt werden, der letztere hat den Vorteil, daß das Maß „a" kleiner wird, daß die Tolerierung der Länge für die Fertigung leichter zu beherrschen ist, und schließlich, daß ein von der Fabrikation gewünschtes Durchziehen der Nut den Kolben weniger gefährdet. Nachteilig ist beim Parallelstoß, daß wegen der

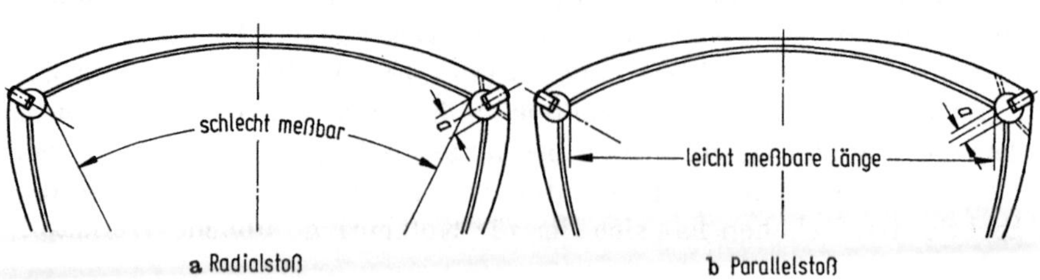

Bild 97. Radial- und Parallelstoß der Dichtstreifen.

kleineren Radien weniger Kolben mit einer Aufspannung bearbeitet werden können. Die Ausführung des Bildes 90, bei der vorlaufend der Dichtstreifen auf einer Abfräsung des Eckbölzchens auflag, hat sich nicht bewährt. Zwar wäre sie theoretisch einwandfrei dicht und Längentoleranz-unempfindlich, sie scheitert jedoch am nicht vertretbaren Herstellungsaufwand, denn wenn die Flächen nicht ganz genau zueinander passen, geht der Vorteil gegenüber dem einfachen Stoß verloren. Die Bölzchen werden heute in ihrer Dichtleisten-Nut so gut gefertigt, daß sie austauschbar sind, bei aufliegendem Dichtstreifen wäre dies kaum mehr möglich.

Zur Andrückung der Dichtstreifen dienen Wellfedern mit einer Anpreßkraft von etwa 35 bis 40 N, sie bereiten kaum Schwierigkeiten. Um die Dichtheit zum Triebwerkraum zu verbessern, d. h. das Leckgas

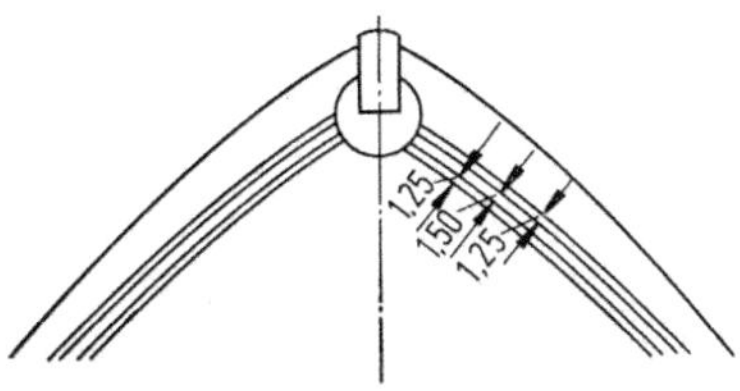

Bild 98. Doppelte Dichtstreifen.

zu verringern (s. a. Abschnitt 5.62) verwendet man zuweilen doppelte Dichtstreifen (s. Bild 98); einer nicht unbeträchtlichen Verteuerung steht wohl nur ein geringer Vorteil gegenüber. Zur einwandfreien Dichtung genügt ein Dichtstreifen, nur die Undichtigkeit des Stoßes wird durch einen zweiten Dichtstreifen gemildert.

5.613 Schmierung der Dichtteile. Öl wird nicht nur zur Schmierung der Dichtteile, sondern auch zur Dichtung benötigt (s. Abschnitt 2.311). Öl, das auf die Trochoiden-Laufbahn gelangt, ist verloren, es kann nicht mehr zurückgewonnen werden, aus diesem Grunde muß sehr sparsam mit der Ölzufuhr verfahren werden; beim Hubkolbenmotor wird die Zylinderlaufbahn reichlich benetzt, die Ölringe streifen das überschüssige Öl wieder ab, Verbrennungsgase kommen kaum an die Laufbahn.

Erstaunlicherweise genügt ein äußerst dünner Schmierfilm, wie eine Überschlagrechnung zeigt. Wenn ein 2-Kolbenmotor in einem PKW auf 1000 km 1 Liter Öl verbraucht — diese Menge hat sich in der Praxis als ausreichend erwiesen —, dann sind dies rd. 1/3 mm^3 je Umdrehung der Exzenterwelle (Radumfang ca. 1,3 m, Hinterachsuntersetzung $i = 4$, d. h. 3 Umdrehungen für 1 m Weg).

Mit dieser Menge werden die beiden Trochoiden-Laufbahnen und die Seitenflächen, d. s. mehr als 1000 cm^2, geschmiert, gleichmäßig verteilt ergäbe es eine Ölfilmdicke von

$$\frac{0{,}333\ \text{mm}^3}{10^5\ \text{mm}^2} \cong 3 \cdot 10^{-6}\ \text{mm}\,.$$

Diese Betrachtung zwingt zu dem Schluß, daß ein gewisser Ölfilm weder durch die Dichtleisten abgeschabt, noch durch die Verbrennung abgebrannt wird — in einem weiten Bereich ist die Laufbahn der Verbrennung voll ausgesetzt —, so daß nur die äußerste Haut ersetzt werden muß, sonst wäre mit derart kleinen Mengen nicht auszukommen.

Man unterscheidet zwischen folgenden Schmiermöglichkeiten:

a) Fluchtöl, das aus dem Triebwerkraum über die Seitenscheiben infolge nicht vollkommener Öldichtung kommt (s. a. Abschnitt 5.62);
b) Öl, das dem Kraftstoff beim Tanken zugesetzt wird, wie bei 2-Takt-Motoren üblich;
c) durch gesonderte Pumpe zugeführtes Öl.

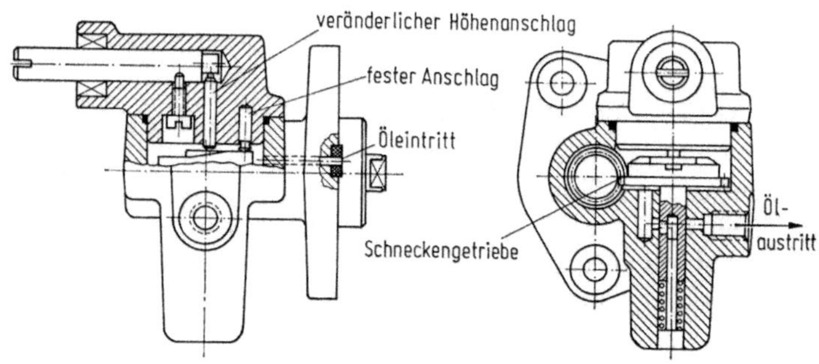

Bild 99. Dosierölpumpe.

Das Fluchtöl ist unzuverlässig und läßt sich auch nicht ausreichend dosieren, man muß daher, wenn Gemischschmierung abgelehnt wird, eine zusätzliche Dosier-Pumpe, die allerdings sehr kleine Mengen fördern muß, vorsehen. Drosselstellen, Düsen u. dgl. im Druckölsystem sind nicht zu gebrauchen, die durchtretenden Mengen wären bei weitem zu groß. Die in Bild 99 gezeigte Taumelscheibenpumpe wird mit einer Untersetzung von 1:45 bis 1:60 zur Exzenterwelle angetrieben, sie kann durch Begrenzung der Kolbenhübe entweder fest oder mit dem Gaspedal verbunden veränderlich geregelt werden.

Bei Vergasermotoren bietet sich die Ölförderung in die Kraftstoffförderpumpe an, das Öl gelangt mit dem Kraftstoff in den Arbeitsraum, dort dampft der Kraftstoff aus und das Öl wird zur Schmierung frei. Nachteilig ist, daß bei Teillast nur wenig Öl geliefert wird, es sei denn, man gibt entsprechend mehr Menge durch Regelung des Pumpenhubs.

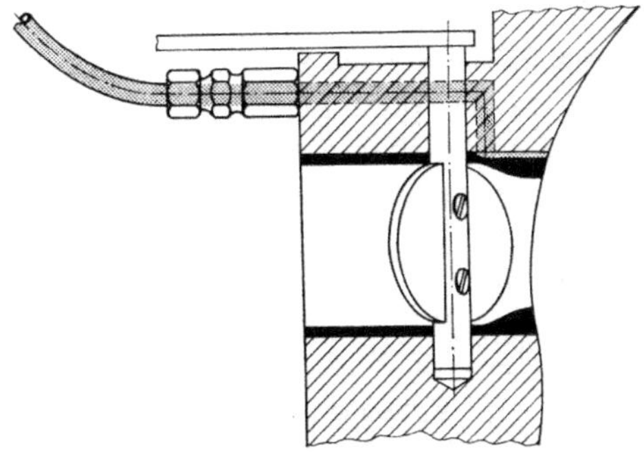

Bild 100. Ölzufuhr an die Laufbahn (Daimler-Benz).

Bei Einspritzmotoren ist eine Ölzufuhr über den Kraftstoff nicht möglich, das Schmieröl würde in der Einspritzdüse mit dem Kraftstoff so fein aufbereitet, daß es an der Verbrennung teilnimmt. Bild 100 zeigt eine Ausführung von Daimler-Benz, eine Hülse im Saug-Kanal ist auf der oberen Seite leicht zurückgenommen, das Öl quillt aus dem engen Spalt aus, die Dichtleisten sorgen für gute Verteilung auf der Laufbahn. Ein Ölaustritt unmittelbar auf die Laufbahn hat sich nicht bewährt, offenbar wird das Öl in den Raum gesaugt und bleibt nicht an der zu schmierenden Fläche.

5.62 Öldichtung

Beim Hubkolbenmotor wird aus den Lagern austretendes Öl an die Zylinderlaufbahn gespritzt und von Ölabdichtringen wieder abgestreift. Beim Wankelmotor dagegen staut sich das Öl vor der Öldichtung und läuft mit dem Kolben um (s. Bild 101), es kann nicht

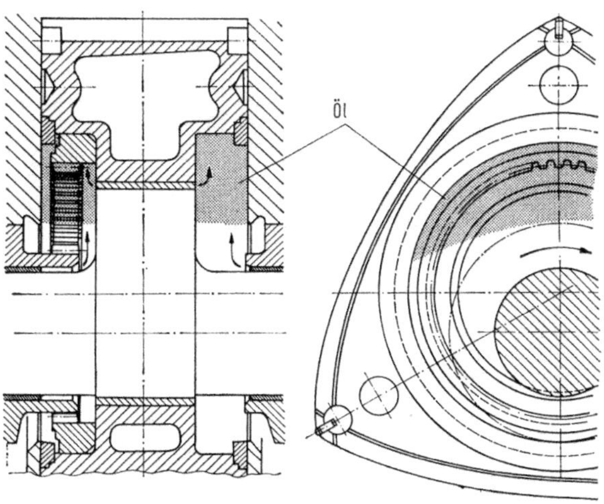

Bild 101. Ölstau vor der Öldichtung.

ablaufen, weil sich die Öffnung in den Seitenscheiben weiter innen befindet. Der Fliehkraftbelastung des nicht unbeträchtlichen Ölvolumens kann die Öldichtung kaum gewachsen sein. Durch Ausnützung der Kolben-Kinematik ist es möglich, das gestaute Öl im Kolben aufzufangen und in eine Seitenscheibe abzuleiten.

Jeder Punkt P des Kolbens, ebenso wie ein am Kolben befindliches Ölteilchen unterliegt einmal der Fliehkraft F_e in Richtung des Exzenters sowie der Fliehkraft F_K durch die Kolbendrehung selbst (s. Bild 102). Es ist:

$$F_e = dm \cdot e \cdot \omega^2 ,$$

$$F_K = dm \cdot y \cdot \frac{\omega^2}{9} ,$$

dm = betrachtetes Massenteilchen am Punkt P,
ω = Winkelgeschwindigkeit der Exzenterwelle.

Die Strecke $\overline{AB}$ errechnet sich aus:

$$\frac{\overline{AB}}{\overline{AP}} = \frac{F_e}{F_K} = \frac{9\,e}{y} , \tag{20}$$

$$\text{d. h. } \overline{AB} = 9\,e .$$

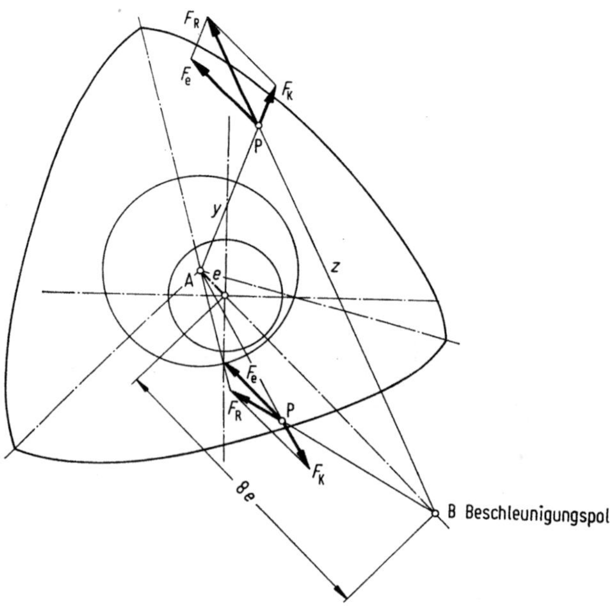

Bild 102. Kräfte am Kolben.

Der „Beschleunigungspol" genannte Punkt B befindet sich somit im Abstand $9\,e$ von der Exzenterwellenmitte bzw. $8\,e$ von der Wellen-

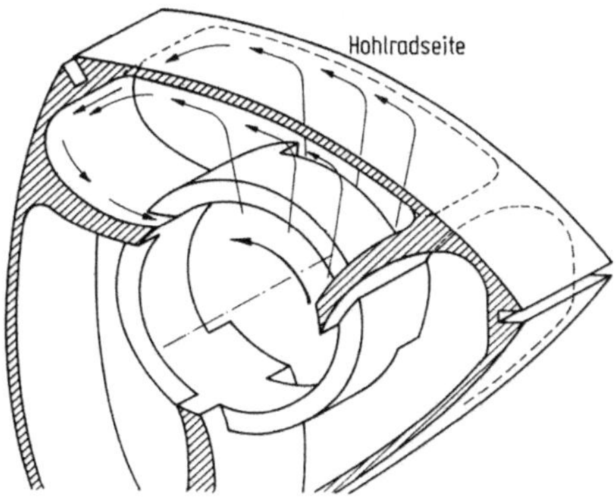

Bild 103. Ölführung im Zellenkolben.

mitte, damit ist die Richtung der Resultierenden F_R für jeden Kolbenpunkt schnell zu ermitteln. Auch ihre relative Größe läßt sich aus folgender Überlegung leicht bestimmen. Es ist:

$$\frac{\overline{PB}}{\overline{AB}} = \frac{z}{9e} = \frac{F_R}{dm \cdot e \cdot \omega^2}$$

$$F_R = \frac{z \cdot dm \cdot \omega^2}{9} = dm \cdot b\,,$$

d. h. die Beschleunigung b am Punkt P ist:

$$b = \frac{z \cdot \omega^2}{9}\,. \tag{21}$$

Die Strecke $\overline{PB}$ ist somit auch ein Maß für die Beschleunigung des Massenteilchens dm.

Wenn man den Beschleunigungspol mit Exzenterwellendrehzahl um die Wellenmitte bewegt, dann dreht sich F_R relativ zum Kolben, der ja nur 1/3 Drehzahl hat, vorwärts, und zwar bei einer Kolbenumdrehung zweimal. In einem gewissen Bereich ist F_R nach innen gerichtet, d. h. hier kann vom Kolben aufgenommenes Öl wieder ausgeworfen werden. Bild 103 zeigt den Weg des Öles in einem Kolben mit 3 Kammern. Aussparungen an der Nabe lassen das von den Lagern kommende Öl in dem Bereich, in dem F_R nach außen gerichtet ist, eintreten, es wandert vorlaufend am Kolbenboden entlang und wird durch die Schaufeln dann, wenn F_R nach innen zeigt, ausgeworfen. Will man, daß das Öl nur auf einer Seite austritt, muß man die Aussparung an der Nabe auf der Gegenseite ein Stück vor der Schaufel enden lassen. Da sich die Auswurfkanten im Bild 103 etwa unter der

Kolbenspitze befinden, erfolgt ein Ölaustritt jeweils in der Nähe der kleinen Achse und zwar bei jeder Wellenumdrehung einmal auf der Kanal- und einmal auf der Zündkerzenseite.

Im Bild 104 ist eine Kolbenkonstruktion nach der beschriebenen Art dargestellt. Auf der Hohlradseite sind die Aussparungen so angebracht, daß das Öl nur ein- aber nicht mehr austreten kann. Wichtig ist der Austrittswinkel an den Schaufeln, das Öl soll nicht auf die

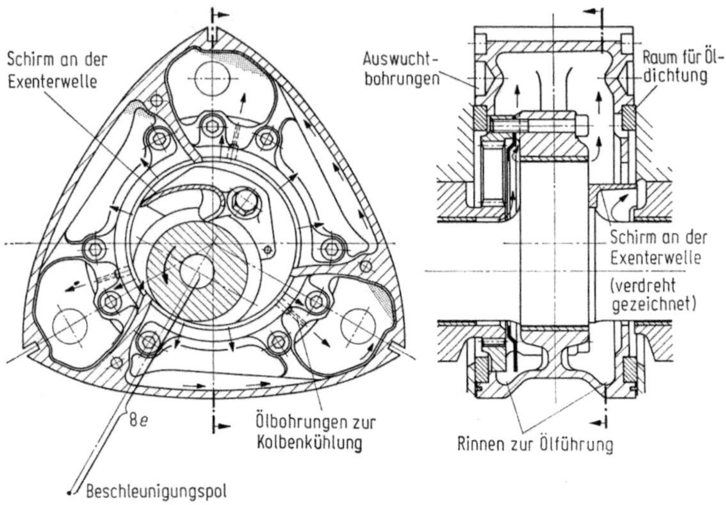

Bild 104. Gestaltung des Zellenkolbens.

Welle treffen und auch nicht wieder in den Kolben zurückgeworfen werden. An der Exzenterwelle war ursprünglich ein Schirm angebracht, der das Öl auffing und in die Seitenscheiben leitete, er konnte ohne Nachteil weggelassen werden, offenbar sorgt das Druckgefälle vom Kolbenraum zur Seitenscheibe für die axiale Ölförderung.

Durch das im Kolben fließende Öl — der Ölfilm ist nur sehr dünn — wird eine Senkung der Kolbentemperaturen erreicht. Bild 105 zeigt den Unterschied mit und ohne Ölführung, über den ganzen Bereich ist ein beträchtlicher Gewinn zu verzeichnen, lediglich an der vorlaufenden Kante ist dieser kleiner, durch die Auslaßöffnung entsteht hier ein größerer Wärmeanfall.

Die Ölabdichtung des Kolbens zu den Seitenscheiben kann sowohl axial (Bild 106 und 107) als auch radial (Bild 109) vorgenommen werden. Bei der axialen Lösung werden geschlossene, durch Federn an die Seitenscheiben angedrückte Dichtringe verwendet; sie müssen zum Kolben trotz ihrer Beweglichkeit dicht sein, damit das Öl nicht hinten herum durchtreten kann (entsprechend der Rutschdichtfläche bei der Gasdichtung).

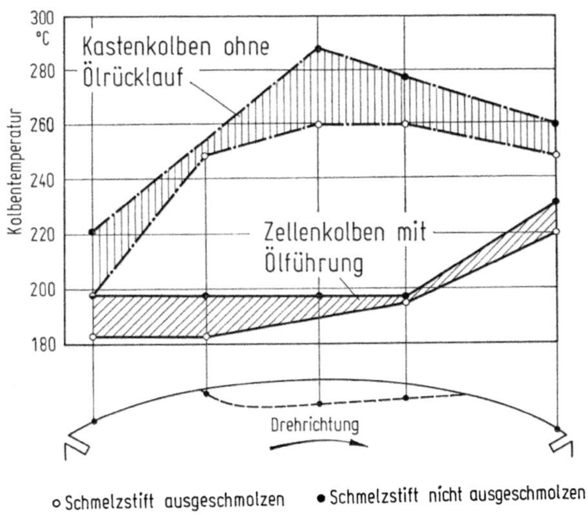

Bild 105. Kolbentemperaturen mit und ohne Ölführung
$n_e = 5500\ \text{min}^{-1}$, $p_{meff} = 0{,}5$ bar.

Eine bewährte Ausführung zeigt Bild 106 (Toyo Kogyo), die Ringe sind U-förmig, sie werden durch Wellfedern angedrückt, zur Abdichtung gegen den Kolben dienen hochwertige O-Ringe, die den auftretenden Temperaturen auch bei hoher Leistungsausbeute im Dauerbetrieb erstaunlicherweise gut gewachsen sind, offenbar wird die Wärme zu den gekühlten Seitenscheiben abgeleitet. Um auf den Ölfilm gut auflaufen, andererseits das Öl abkratzen zu können, haben die Ringe eine Schräge von etwa 1 bis 2°, im Innendurchmesser sind sie hart verchromt, damit die Kante immer scharf ist und sich nicht ab-

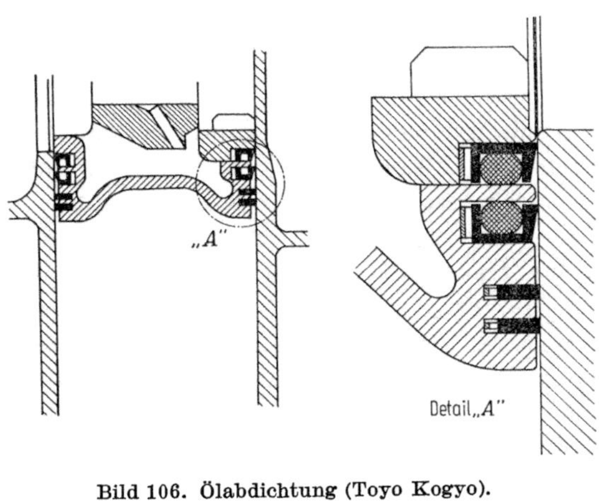

Bild 106. Ölabdichtung (Toyo Kogyo).

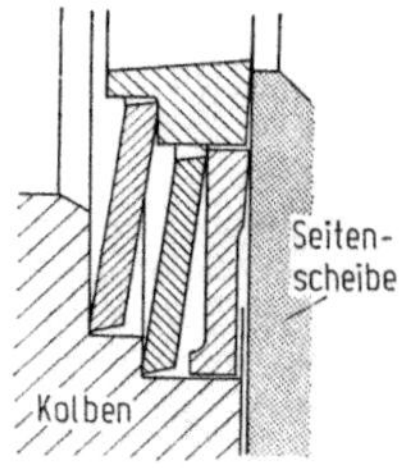

Bild 108.
Bohrungen zur Ölableitung.

nützt. Zwei Dichtringe sind zu empfehlen, da mit gewissen Unebenheiten in den Gehäuseflächen gerechnet werden muß, auch wird das Übertreten von Leckgas in den Triebwerkraum beträchtlich vermindert.

Zwischen Gas- und Öldichtung baut sich durch die Undichtigkeit der Stoßstellen ein Gasdruck auf, bis zu 5 bar wurden gemessen. Dieser Druck wirkt gegen das Öl an der Öldichtung, wodurch sie entlastet wird. Hier ist der Wankelmotor gegenüber dem Hubkolbenmotor im Vorteil, es kommt nur sehr wenig Leckgas in den Triebwerkraum, und dieses ist vorwiegend unverbranntes Gas, weil die Leckstellen kaum Verbrennungsgas bekommen (s. Abschnitt 5.61). Die Folge davon ist, daß das Schmieröl sauberer bleibt und man auf einen Ölwechsel verzichten kann, der wohl stets etwas höhere Ölverbrauch des Wankelmotors wird hierdurch ausgeglichen.

Eine nur metallische Öldichtung ist in Bild 107 (Daimler-Benz) dargestellt. Wiederum sind 2 Dichtkanten vorgesehen, Tellerfedern drücken die Ringe an. Von Nachteil ist, daß die äußere Tellerfeder durch den Gasdruck entlastet wird, man benötigt daher einen verhältnismäßig hohen Anpreßdruck (ca. 6 N), der aus Reibungsgründen unerwünscht ist. Um den Leckgasdruck zu senken, besteht die Möglichkeit, kleine Bohrungen in den Seitenscheiben anzubringen, und zwar in den Zwickeln, die sich in der kleinen Achse aus den Einhüllenden von Dichtstreifen und Öldichtung ergeben (s. Bild 108). Will man das Leckgas nicht in den Triebwerkraum gelangen lassen, muß man zusätzliche Leitungen oder Bohrungen zur Saugseite des Motors vorsehen, was einigen Aufwand verursacht.

Die radiale Ölabdichtung (NSU „Ro 80" s. Bild 109) benützt Kolbenringe, die einerseits gegen die Gehäusebohrung, andererseits gegen den Kolben dichten, sie befinden sich in einem am Exzenter befestigten Körper, bzw., wenn das Mittellager fehlt, unmittelbar in einer Nut der Exzenterwelle (s. Bild 109 Mitte). Zum Gehäuse genügt ein normaler Kolbenring, zum Kolben dagegen werden doppelte Ringe mit versetztem Stoß verwendet; dies ist notwendig, weil der Kolbenring bei hohen Drehzahlen unter der Fliehkraftbelastung einfällt. Zur Andrückung an die Nutseitenwände wird der Leckgasdruck benützt; damit dieser nicht zu groß wird und dadurch Verschleiß an den Ring- und Nutflanken entsteht, ist am Gasraum ein Druckhalteventil angebracht, ein Druck von 0,2 bis 0,3 bar hat sich als günstig erwiesen, das abgeblasene Gas wird in die Saugleitung zurückgeführt. Da bei Stillstand des Motors keine Andrückung der Kolbenringe erfolgt, muß noch ein dichter Axialring vorgesehen werden, sonst führt in den Arbeitsraum übertretendes Öl zu unzulässigem Startrauchen.

Als Vor- und Nachteile für die beiden Ölabdichtungsarten sind zu nennen:

Axiale Dichtung

Vorteile: Keine Stoßstellen, daher nicht drehzahlbegrenzt; leichte Montage, auch bei Mehrkolbenmotoren; geringer Aufwand.

Nachteile: An die Ebenheit der Seitenflächen werden hohe Anforderungen gestellt; die Seitenscheiben sind nicht ohne weiteres gegen anspritzendes Öl abzudecken.

Radiale Dichtung

Vorteile: Die runden Bohrungen in Gehäusen und Kolben sind leicht herzustellen; die Ebenheit der Seitenscheiben ist von untergeordneter Bedeutung; die Seitenscheiben sind sehr gut abgedeckt.

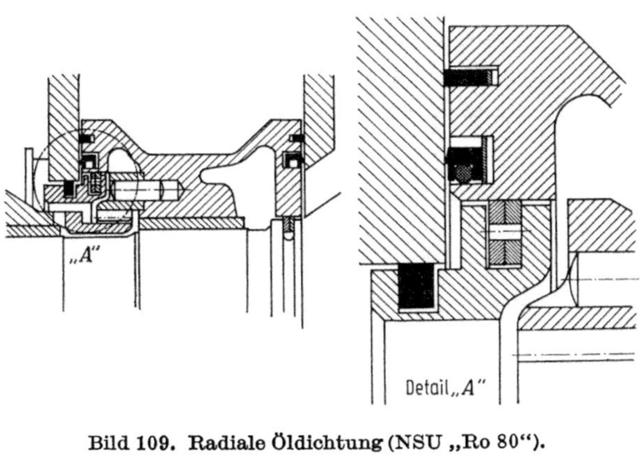

Bild 109. Radiale Öldichtung (NSU „Ro 80").

Nachteile: Die Kolbenringe müssen einen Stoß haben; sofern sie Fliehkraft-belastet sind, haben sie eine Drehzahlgrenze; die Gleitflächen haben hohe Gleitgeschwindigkeiten, da der Tragkörper mit Exzenterwellendrehzahl umläuft; sie sind nur bei 1- und 2-Kolbenmotoren ohne Mittellager anwendbar; die Montage ist nicht einfach; eine Innenführung des Kolbens (s. Abschnitt 5.63) ist nicht möglich; zur Einhaltung des Leckgasdrucks müssen Vorkehrungen getroffen werden; der Aufwand ist beträchtlich, zudem kann auf eine axiale Dichtung nicht verzichtet werden.

Der Ölverbrauch des Wankelmotors wird wohl kaum die niederen Werte des Hubkolbenmotors erreichen können, weil die Laufbahn mit verlorenem Öl geschmiert werden muß und auch die Seitenscheiben eine gewisse Ölmenge benötigen. Als Vorteil hat sich gezeigt, daß der Ölverbrauch nur wenig Drehzahl-abhängig ist, d. h. der Kunde ohne Rücksicht auf seine Fahrweise etwa mit gleichem Verbrauch rechnen kann, dies ist beim Hubkolbenmotor keineswegs der Fall.

5.63 Kolben

Die geometrische Außenkontur des Kolbens wurde in Abschnitt 5.12 behandelt. Durch R/e ist die theoretische Verdichtung gegeben (s. Abschnitt 5.15), eine Mulde bringt die gewünschte Verdichtung. Um durch den Zündfunken möglichst schnell viel Frischgas entzünden zu können, empfiehlt sich eine kompakte Mulde, sie muß jedoch so ausgebildet werden, daß zu hohe Gasgeschwindigkeiten beim Überströmen in der Nähe des Zündtotpunktes und damit untragbare Wärmebelastungen des Mantels verhindert werden (s. a. Bild 87). Je kompakter die Kolbenmulde ist, desto schneller erfolgt die Verbrennung, sie soll daher möglichst tief sein. Zu beachten ist, daß das umlaufende Öl (s. Abschnitt 5.62) nicht gestaut wird, sondern Rinnen neben der Muldeninnenkontur verbleiben (s. Bild 104). Je weiter die Kolbenmulde in Drehrichtung zurückgelegt wird, desto weniger Frühzündung ist erforderlich, wodurch sich eine thermische Entlastung der Bauteile ergibt.

Zu den Seitenscheiben muß der Kolben ausreichend Spiel haben, damit er keinesfalls klemmt; sofern man die Anlaufflächen außerhalb der Öldichtung vorsieht, ist ein größeres Spiel erforderlich, als wenn der Kolben innerhalb der Öldichtung geführt wird, weil hier die Wärmeausdehnung geringer ist. Die Innenführung ist vorzuziehen, in dieser Zone ist stets ausreichend Schmieröl vorhanden; die radiale Öldichtung zwingt zur Außenführung. Während seines Umlaufs liegt der Kolben nicht immer auf der gleichen Seite an, aus Geräuschgründen und wegen des Einlaufens der Dichtleisten in die Seitenscheiben (s. Abschnitt 5.611) sollte man das Seitenspiel nicht unnötig groß machen.

Unterhalb der Kolbenspitzen bieten sich Flächen an, in denen Auswuchtbohrungen vorgesehen werden können, eine einwandfreie Wuchtung ist aus Gründen der Laufruhe notwendig. Durch besondere Maßnahmen (Tarierbohrungen oder dgl.) können alle Kolben auf gleiches Gewicht gebracht werden; damit entfällt ein Auswählen, und auch einheitliche Gegengewichte sind möglich.

Bei hohlgegossenen Kolben ist die Verbindung des Außenkörpers mit der Nabe im wesentlichen durch die Ölführung bestimmt. Zu beachten sind Spannungen, die in den dünnen Verbindungsrippen durch unterschiedliche Abkühlung beim Gießen entstehen können, entsprechende Entspannungsmaßnahmen sind erforderlich, dies gilt besonders für den meist verwendeten Temperguß.

Zum Ausgleich des möglicherweise auf beiden Kolbenseiten unterschiedlichen Gasdrucks kann man Querbohrungen durch geeignete Rippen vorsehen (s. Bild 104), unbedingt notwendig scheinen sie jedoch nicht zu sein.

Die Nabe ist als geschlossener, in sich steifer Ringkörper auszubilden, um ein möglichst rundes Lager zu gewährleisten. Vielfach werden zur Senkung der Temperaturen in der Dichtleistenpartie Kühlölbohrungen durch die Nabe vorgesehen, durch entsprechende Verstärkungen muß hier einer Rißgefahr begegnet werden[1]. Mit Durchgangsschrauben oder auch doppelten Schwerspannstiften (Toyo Kogyo) wird das Hohlrad an der Nabe befestigt, eine Verbindung mit dem Kolbenaußenkörper ist nicht ratsam, weil durch die höheren Temperaturen Zugspannungen im Zahnrad entstehen können. Der Reibschluß der geschraubten Verbindung Hohlrad-Nabe muß sehr gut sein, damit ein Verdrehen im Betrieb mit Sicherheit verhindert wird. Man kann auf Paßstifte verzichten, wenn mittels einer auf die Eckbölzchen-Bohrungen aufgesetzten Vorrichtung das Hohlrad orientiert festgeschraubt wird; wenn der Reibschluß nicht in Ordnung ist, hilft ein Paßstift auch nichts mehr.

In die Nabe werden meist gerollte Mehrstofflager — gleicher Aufbau wie bei den Hubkolbenmotoren — eingepreßt, Nasen zur Verdrehsicherung empfehlen sich. Die Lagerbeanspruchung ist, wie Bild 110 zeigt, wesentlich günstiger als beim Hubkolbenmotor, im unteren Drehzahlbereich wirkt der Gasdruck, im mittleren wird dieser durch die Massenkräfte ausgeglichen, die dann bei hohen Drehzahlen überwiegen. Man kann ohne Bedenken sogar eine Ringnut im Lager unter-

---

[1] Das Kühlöl kann auch durch Spritzdüsen an der Exzenterwelle zugeführt werden (NSU, Toyo Kogyo u. a.).

bringen, durch die die Spritzbohrungen zur Kühlung der Kolbenecken versorgt werden. Durch ein beigelegtes Blech und Herunterziehen der Kolbenseitenwand auf der Gegenhohlradseite kann man in gewissen Grenzen ein Anspritzen der Seitenscheiben durch Öl, das am Kolbenlager austritt, verhindern.

Es ist möglich, den üblichen Tempergußkolben durch einen Leichtmetallkolben zu ersetzen. Für Sportmotoren, insbesondere mit 3 und mehr Kolben (s. Grundlagerbelastungen, Abschnitt 5.67) wäre eine Verringerung der Kolben- und damit auch der Gegengewichte erwünscht. Die Praxis zeigte, daß vollgeschmiedete Aluminium-Kolben mit Hohlrad und Dichtteilen etwa die Hälfte der hohlgegossenen Tempergußkolben wiegen. Durch entsprechende Bohrungen und Aussparungen kann man die Ölableitung bewirken, es ist dabei nicht nötig, daß das Öl unter der Kolbenmulde entlangfließt, es genügen Hohlräume unter den Spitzen (s. Bild 111). Um ein Ausschlagen der Dichtleistennuten zu vermeiden, müssen diese gepanzert werden, eingeschmiedete Stahlkörper sind möglich, allerdings behindern sie die Wärmeableitung, so daß mit geringeren Temperaturen an dieser Stelle nicht gerechnet werden kann. Die Befestigung der Lager und die Abstimmung der Lagerspiele im Hinblick auf Minimalwerte bei Kaltstart und nicht zu große Spiele bei Höchsttemperaturen lassen noch einige Schwierigkeiten erwarten. Zweifellos wird der Leichtmetallkolben wesentlich teurer als der Tempergußkolben; wenn nicht besondere Verhältnisse vorliegen, wird man mit diesem gut auskommen.

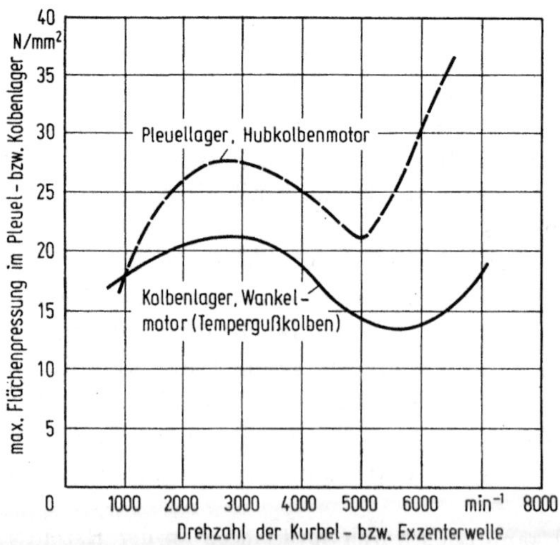

Bild 110. Vergleich der Lagerbeanspruchungen beim Pleuel- und Kolbenlager $\cdot V_K = V_Z$.

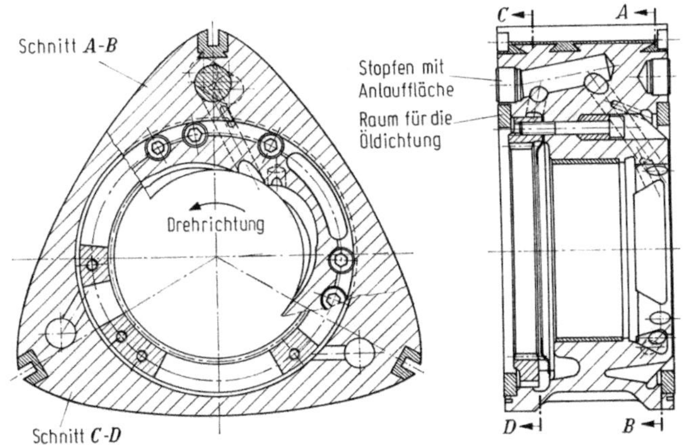

Bild 111. Versuchskolben aus geschmiedetem Leichtmetall (Daimler-Benz/Mahle).

5.64 Verzahnung

Die Verzahnung des feststehenden Ritzels und des am Kolben befindlichen Holhrades hat theoretisch keine Kräfte zu übertragen, weil der Schwerpunkt des Kolbens stets mit der Exzentermitte zusammenfällt (s. a. Abschnitt 5.2), sie hat die Aufgabe, Kolben- und Exzenterwinkel einander zuzuordnen. Die Praxis hat gezeigt, daß mit zunehmenden Drehzahlen dennoch Kräfte an der Verzahnung auftreten, ihre Ursache könnte darin liegen, daß die Gasdruckverteilung nicht gleichmäßig ist, auch veränderliche Reibungsverhältnisse und Drehschwingungsausschläge können daran beteiligt sein [27]. Zu beachten ist, daß keinesfalls ein Klemmen der Zähne eintreten darf, unter der Belastung ergeben sich nicht unerhebliche Achsabstandsänderungen, die Exzenterwelle biegt sich unter den Zünd- und Massenkräften durch, auch die Lagerspiele werden einseitig kleiner. Bild 112 zeigt die Veränderung des Achsabstandes für eine Exzenterwellendrehzahl von $n_e = 6000\,\text{min}^{-1}$ und einen max. Zünddruck von 38 bar. Der größte Achsabstand ist etwa beim 8. Zahn (Zahn 1 in der kleinen Achse auf der Zündkerzenseite) zu finden, in dieser Stellung ergeben sich die kleinsten Zahnspiele und auch hier traten während der Entwicklung oft Zahnbrüche auf. Beim 8. Zahn wirken Zünd- und Massenkräfte in der gleichen Richtung, beim 27. Zahn dagegen heben sie sich fast auf, die Zündkräfte überwiegen im vorliegenden Fall sogar.

Bei der Verzahnungsberechnung muß man für Motoren mit 500 bis 600 cm^3 Kammervolumen mit Abweichungen im Achsabstand von ca. $\pm 0{,}2$ mm rechnen, da auch noch Fertigungstoleranzen (Rundlauffehler und Über- bzw. Untermaß bei den Verzahnungen, Mittenversatz beim Exzenter und den Zahnrädern) zu berücksichtigen sind.

Um durch Änderungen des Achsabstandes das Zahnflankenspiel möglichst wenig zu beeinflussen, möchte man die Verzahnung so korrigieren, daß sich ein kleiner Betriebseingriffswinkel ergibt, keinesfalls darf dieser jedoch in die Nähe von Null kommen (s. Bilder 113 und 114). Aus Bild 113 ist zu entnehmen, daß als Mittelwert α_b nicht kleiner als 12° gewählt werden sollte, um die nötige Sicherheit zu haben. Will man andererseits nicht größer als $\alpha_b = 15°$ gehen, dann ist für eine gegebene Exzentrizität e auch der Modul in engen Grenzen festgelegt. Die fol-

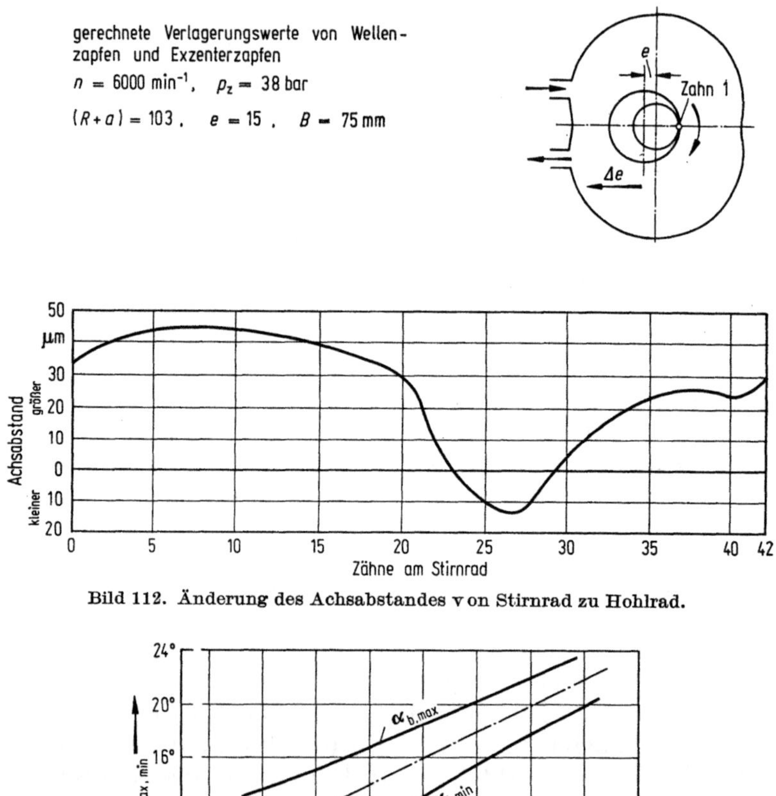

Bild 112. Änderung des Achsabstandes von Stirnrad zu Hohlrad.

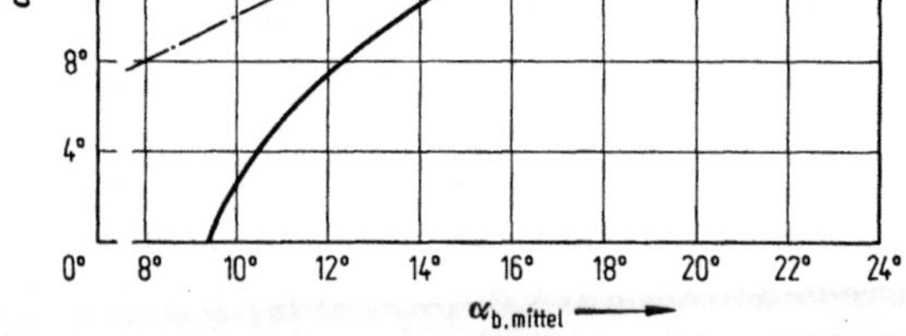

Bild 113. Maximaler und minimaler Betriebs-Eingriffswinkel α_b in Abhängigkeit vom mittleren Betriebs-Eingriffswinkel für $e = 15 \pm 0{,}2$.

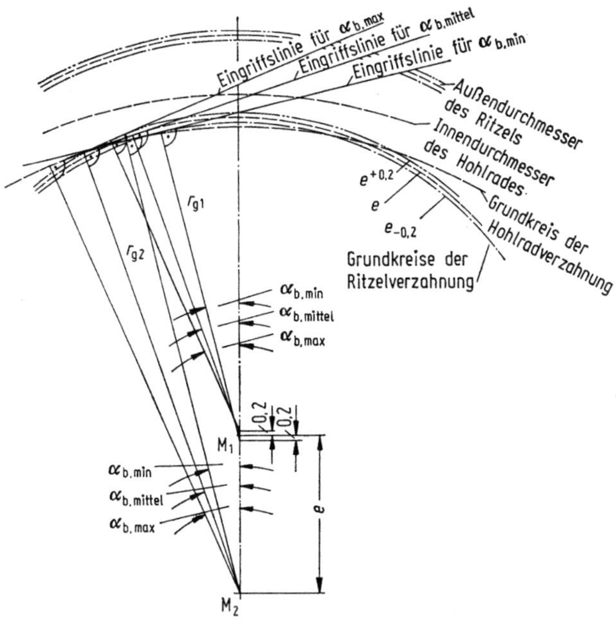

Bild 114. Änderung von α_b in Abhängigkeit vom Achsabstand ($e = 15$).

gende Tabelle zeigt die sich für $\alpha_{b\,mittel} = 12°$ bis $15°$ und $m = 1, 5$, 1,75 und 2,0 (Eingriffswinkel des Werkzeugs $\alpha = 20°$) ergebenden Werte für e.

m [mm]	z_1 —	$m \cdot z_1$ [mm]	e [mm]	
			von	bis
1,5	34	51,0	12,25	12,4
1,5	36	54,0	12,97	13,13
1,5	38	57,0	13,69	13,86
1,75	34	59,5	14,29	14,47
1,5	40	60,0	14,41	14,59
1,75	36	63,0	15,13	15,32
1,75	38	66,5	15,97	16,17
2,0	34	68,0	16,33	16,54
1,75	40	70,0	16,81	17,02
2,0	36	72,0	17,29	17,51
2,0	38	76,0	18,25	18,48
2,0	40	80,0	19,21	19,46

Man ersieht, daß unter den gegebenen Bedingungen nicht jede Exzentrizität mit einem genormten Modul dargestellt werden kann und man in manchen Fällen gezwungen ist, einen Sondermodul vorzusehen.

Bild 115 zeigt die Kenngrößen von Ritzel und Hohlrad an einem Beispiel, es ist $D_{W1} = 4e$, $D_{W2} = 6e$; die Gesamtkorrektur wird durch den Betriebseingriffswinkel bestimmt, man teilt sie zweckmäßigerweise so auf die beiden Zahnräder auf, daß sich annähernd gleiche Beanspruchungen ergeben. Dies ist im Hinblick auf die ungünstigeren Kerbspannungen beim Ritzel etwa dann der Fall, wenn man bei diesem ca. 30% unter der Zahnfuß-Biegebeanspruchung des Hohlrades bleibt.

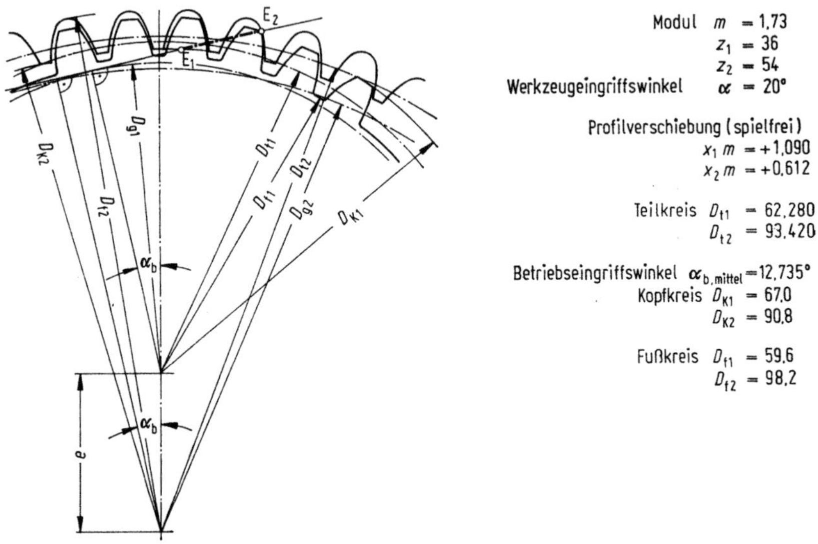

Bild 115. Ritzel- und Hohlradverzahnung.

5.65 Mantel

Der Mantel ist ein sehr ungleichmäßig beanspruchtes Bauteil, in bestimmten Bereichen treten immer hohe Temperaturen auf, eine Entlastung durch das Frischgas wie beim Hubkolbenmotor erfolgt nicht, andere sind dagegen immer kalt. In Bild 92 sind über der Laufbahn die Temperaturen (gestrichelt) und die Gaskräfte auf die Dichtleiste (ausgezogen) eingetragen. Im oberen Teil sind die Temperaturen so nieder, daß sich eine Kühlung erübrigt (s. a. Bild 162); unterhalb der Zündkerze ist die thermische Belastung dagegen sehr hoch, am Kühlwassereintritt unten fällt sie ab, um auf der Auslaßseite wieder anzusteigen.

Die angegebenen Werte gelten für Aluminium als Mantel-Werkstoff, bei Grauguß liegen sie um ca. 150—160° höher, so daß dieser auch bei niederbelasteten Motoren kaum verwendbar erscheint.

Wenn sich in der heißen Zone der Werkstoff ausdehnen will, durch die Seitenscheiben jedoch behindert wird, dann kann er bei zu hoher Beanspruchung bleibend verformt werden und ist dann beim Wieder-

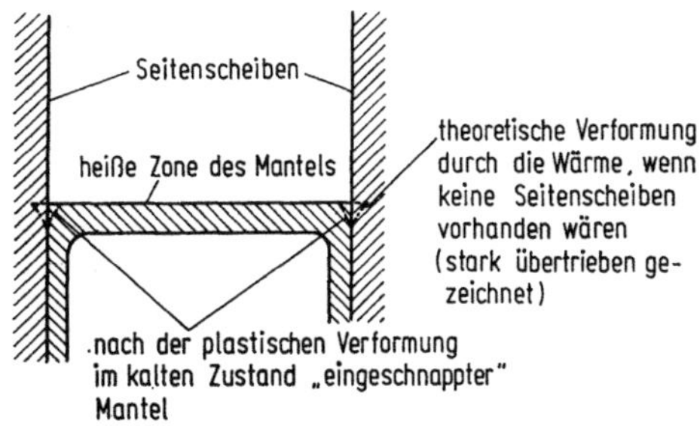

Bild 116. Einschnappen des Mantels.

erkalten „eingeschnappt" (s. Bild 116). An dieser Stelle bläst Gas von einer Kammer zur anderen — glücklicherweise sind hier die Druckunterschiede klein —, wodurch wiederum eine Temperaturerhöhung eintritt, zumal der Wärmefluß gestört ist. Hieraus folgt, daß der Kühlung in diesem Gebiet größte Aufmerksamkeit geschenkt werden muß. Das gleiche gilt für die Zündkerzenpartie, denn Glühzündungen und Klingeln ergeben eine besonders hohe Temperaturbelastung. Die Kühlwassergeschwindigkeit soll an den gefährdeten Stellen hoch sein, vor allem müssen entstandene Dampfblasen abgespült werden. Da man aus Fertigungsgründen gewisse Kernquerschnitte braucht, muß die Strömung durch entsprechenden Wasserzufluß oder durch Rippen beeinflußt werden, beträchtliche Temperatursenkungen lassen sich hierdurch erzielen.

Der Kühlwassereintritt im Bild 92 unten in der langen Achse (s.a. Bild 119) ist zweifellos nicht optimal. Zu erwähnen ist auch die bei Kühlwasserzusätzen (z. B. Gefrierschutzmitteln) zu beobachtende beträchtliche Verschlechterung der Wärmeableitung, die beim Wankelmotor unter Umständen zu Schwierigkeiten führt.

Man kann das Kühlmittel parallel mit mehreren zu einander abgestimmten Strömen oder axial hin und her durch den Motor führen (s. Bild 117), bei richtiger Ausführung ist die erste Lösung keinesfalls unterlegen, sie hat den großen Vorteil einer leichteren und billigeren Abdichtung der Wasserübertritte und außerdem können diese von den

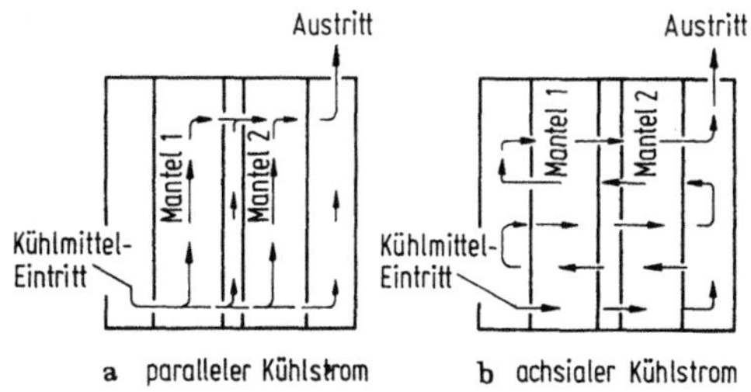

Bild 117 a – b. Parallele und axiale Führung des Kühlmittels.

thermisch hoch beanspruchten Stellen weggelegt werden. Bei Motoren mit 3 und mehr Kolben dürfte nur die Parallelströmung anwendbar sein.

Eine kritische Stelle ist weiterhin die Schußbohrung zur Zündkerze. Diese muß zurückgesetzt werden, sofern sie nicht an der Stelle des Druckausgleiches, d. h. unterhalb der kleinen Achse liegt, weil sonst zuviel Gas in die nachfolgende Kammer übertritt. Je kleiner der Schußkanal ist, desto weniger Gas kann überströmen und desto mehr wird die Zündkerze thermisch entlastet, aber auch desto höher werden die Temperaturen vor allem an der Austrittsstelle zur Trochoide. Diese

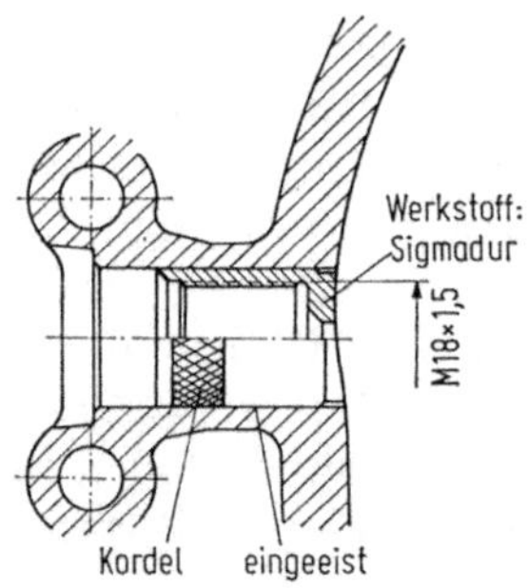

Bild 118. Zündkerzenpartie beim NSU „Ro 80".

Partie ist besonders gefährdet, weil die Laufbahnschicht eine geringere Wärmeausdehnung hat als das Leichtmetall und die dünne Schicht zum Einreißen neigt, der Riß läuft dann im Aluminium weiter. NSU hat zur Beseitigung dieser Schwierigkeiten beim „RO 80" eingeeiste Kupferstopfen vorgesehen (s. Bild 118), die mit der Laufbahn zusammen überschliffen werden. Nachteilig ist die schlechtere Wärmeleitung von der Zündkerze zum Kühlwasser.

Die hohe Wärmebelastung des Mantels in einem verhältnismäßig kleinen Bereich läßt erhebliche Schwierigkeiten erwarten, wenn man die gleiche Leistungsausbeute wie bei Flüssigkeitskühlung mit Luftkühlung erreichen will; eine nicht unbeträchtliche Zurücknahme der Leistung wird wohl kaum zu umgehen sein.

Die Anordnung der Zuganker am Umfang des Mantels wird in Abschnitt 5.66 behandelt, ihr Abstand von der Laufbahn muß so groß sein, daß die Kühlung nicht behindert wird, bei geschlossenem Gehäuse ist die Herstellbarkeit des Kerns bestimmend. Bild 119 zeigt Längs- und Querschnitte eines Mantels, der bei Mercedes-Benz-Versuchsmotoren Verwendung fand.

Eine lange Entwicklungszeit banspruchte die auf dem Leichtmetall-Mantel notwendige Laufbahnschicht, die vor allem im heißen Bogen auftretenden „Rattermarken" waren eine große Sorge. Ihr Entstehen kann man sich so vorstellen (s. Bild 120), daß die Dichtleisten Öl, Ben-

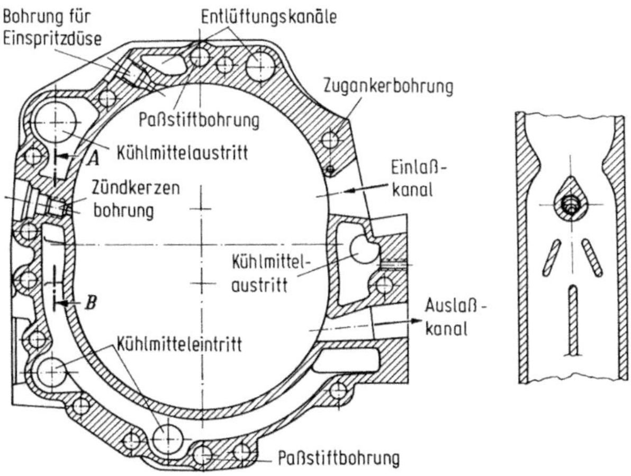

Bild 119. Mantel eines Versuchsmotors (Daimler-Benz).

zin- oder Verbrennungsrückstände vor sich herschieben und, wenn deren Widerstand zu groß wird, sie von der Laufbahn kurzzeitig abheben, es entstehen hierdurch Reibschwingungen. Beim Wiederaufsetzen waschen Öl oder auch Benzin Partikel aus der Laufbahn heraus, ähnlich wie dies beim sogenannten Reliefpolieren geschieht. Es konnte nachgewiesen werden, daß eine Berührung der Dichtleiste mit der Laufbahn nicht zustandekommen muß, wenn sich Rattermarken bilden, auch erfolgt die Dichtleistenabnützung nicht in diesem Gebiet.

Es lag nahe, nach einer sehr harten Laufbahnschicht zu suchen; man begann mit Verchromen — heute noch von Tygo Kogyo angewendet —, fand dann im ,,Nikasil''[1] eine sehr gute Lösung. Während

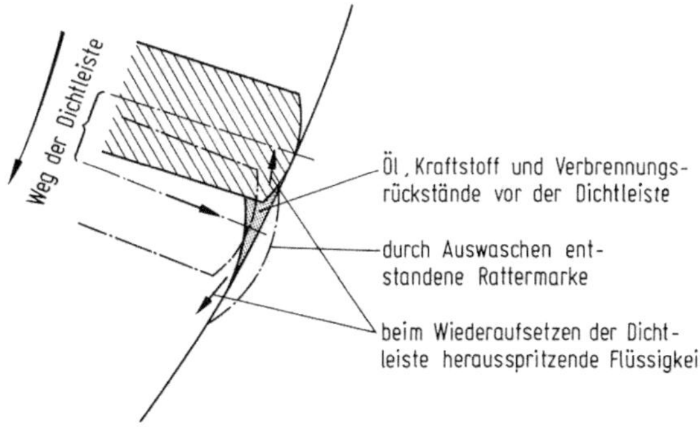

Bild 120. Entstehung der Rattermarken (stark übertrieben dargestellt).

[1] Nikasil ist die Bezeichnung der Fa. Mahle, die zusammen mit Daimler-Benz diesen Weg beschritt. Die NSU-Fertigung wird ,,Elnisil'', diejenige von Daimler-Benz ,,Nidur'' genannt. Im Prinzip sind die Schichten einander gleich, sie unterscheiden sich nur geringfügig.

des Galvanisierens wird Siliziumkarbid mit einer Korngröße von möglichst unter 1 μm in das Bad eingewirbelt. Meist wird als erste Schicht zum besseren Binden mit dem Aluminium nur Nickel aufgebracht. Ein Schnitt durch die Nikalsilschicht in ca. 100facher Vergrößerung ist in Bild 121 dargestellt. Der Silizium-Karbid-Anteil liegt zwischen 2,5 und 5%, 200000 bis 400000 Partikel kommen auf 1 mm². Auch bei Nikasil treten Rattermarken auf, doch sind sie nicht mehr laufzeitbestimmend; die Haftung der Schicht ist so gut, daß selbst bei starken Rattermarken kein Herausbrechen auftritt. Anfänglich bereitete die Bearbeitung

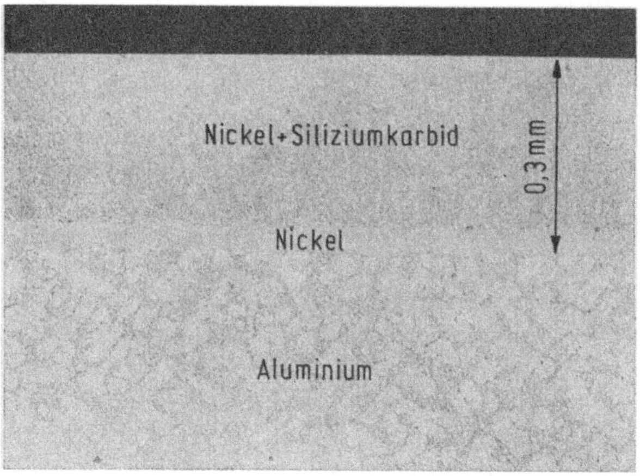

Bild 121. Vergrößerter Schnitt durch die Nikasil-Schicht.

Schwierigkeiten, da das Siliziumkarbid sehr hart und widerstandsfähig ist, sie konnten durch entsprechende Schleifscheiben und geeignetes Schleifwasser beherrscht werden. Ein Honen oder Polieren nach dem Feinschleifen hat sich nicht als notwendig erwiesen; die fertige Schicht soll mindestens 0,25 mm stark sein, damit werden sehr lange Laufzeiten erzielt, zumal der Verschleiß wie auch bei den Dichtleisten nicht linear zunimmt, sondern prozentual immer geringer wird.

Erfolgreich war auch eine aufgespritzte Wolframkarbid-Schicht, die jedoch sehr teuer ist und sich nicht so genau aufbringen läßt, daß man mit kurzen Schleifzeiten auskommt.

5.66 Seitenscheiben

Die Kräfte, die die Seitenscheiben vom Mantel trennen wollen, sind bei weitem nicht so groß wie diejenigen, die auf den Zylinderkopf eines Hubkolbenmotors wirken. Die Angriffsfläche A ist gerade dann, wenn der Zünddruck p hoch ist, sehr klein (s. Bild 122), das Produkt $p \cdot A$ erreicht seinen Höchstwert erst etwa 80° nach dem Zündtotpunkt. Bei gleichem max. Zünddruck und $V_Z = V_K$ ergibt sich bei einem Hubkolbenmotor p · A ≈ 30000 N, während es hier beim Wankelmotor nur p · A = 4600 N sind. Entsprechend dem Verlauf von p · A sind die Zuganker, die den Motor zusammenhalten, anzuordnen, d. h. vor allem im Bereich von der Zündkerze zum Auslaßkanal hin eng, sonst können sie größere Abstände haben. In dieser Zone ist auch ein guter Reibschluß notwendig, weil die auf den Mantel wirkenden Gaskräfte von den Lagern in den Seitenscheiben aufgenommen werden müssen. Wichtig ist eine gute Übertragung der Schraubenkraft auf den Laufbahnrand.

Gekühlt muß nur die von der Verbrennung beaufschlagte Zone der Seitenscheiben werden, ein großer Raum steht zur Ableitung des Öls

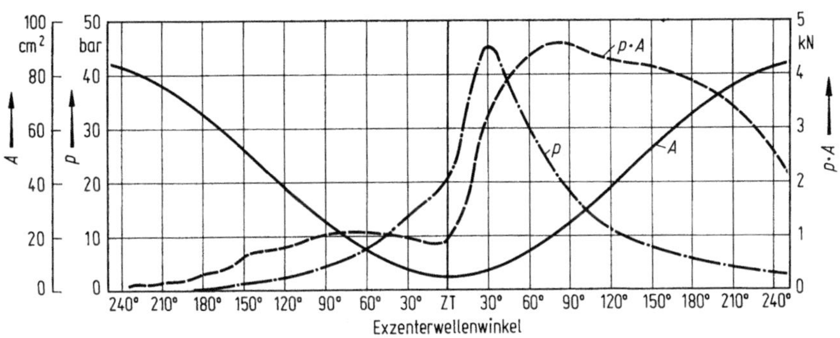

Bild 122. Kräfte durch den Zünddruck auf die Seitenscheiben.

und auch des anfallenden Leckgases nach oben zur Verfügung. Sofern im Seitenteil Lagerkörper untergebracht werden, ist auf ausreichenden freien Querschnitt zum Kolben hin zu achten, das anfallende Öl darf nicht gestaut werden (s. a. Abschnitt 5.62 und Bild 104). Als Werkstoff für die Seitenscheiben kann Grauguß oder Aluminium gewählt werden. Bei beschränkter Leistungsausbeute genügt bei Grauguß induktives Härten der Laufflächen, bei hoher Beanspruchung muß eine Laufschicht aufgebracht werden. Sehr gut bewährt hat sich aufgespritztes Molybdän, wobei man wegen der hohen Kosten natürlich nur die hoch beanspruchte Zone mit Molybdän versieht (siehe a. Bild 151). Auch badnitriertes oder ionitriertes Gußeisen wird verwendet. Ebenso ist eine Nikasilschicht möglich, die sich leichter auf Aluminium als auf Grauguß aufbringen läßt. Recht gut bewährt sich übereutektisches Aluminium, bei dem auf jegliche Schicht verzichtet werden kann, wodurch der etwas höhere Werkstoffpreis bei weitem wieder wettgemacht wird.

5.67 Exzenterwelle, Massenausgleich und Grundlager

Im Vergleich zu der Kurbelwelle eines Hubkolbenmotors ist die Exzenterwelle des Wankelmotors ein sehr einfaches Teil. In Bild 123 ist die Welle eines 4-Kolben-Motors, wie sie in ungeteilter Ausführung bei Mercedes-Benz-Versuchsmotoren verwendet wird, dargestellt. Da die Übergänge zu den Exzentern mit großen Radien ausgeführt werden können, treten keine oder nur unbedeutende Kerbspannungen auf, man kann die Radien zur Erhöhung der Festigkeit auch einhärten, ohne wie bei der Kurbelwelle Anrisse beim Richten befürchten zu müssen, sofern überhaupt ein Richten erforderlich ist. Die Lagerabstände sind klein, wenn man nach jedem Exzenter ein Lager anbringt. Auch bei Verzicht auf das Mittellager, was beim 2-Kolbenmotor möglich ist, wird die Welle nicht gefährdet, weil man sie in der Mitte sehr kräftig dimensionieren kann (s. a. Bilder 146 und 149).

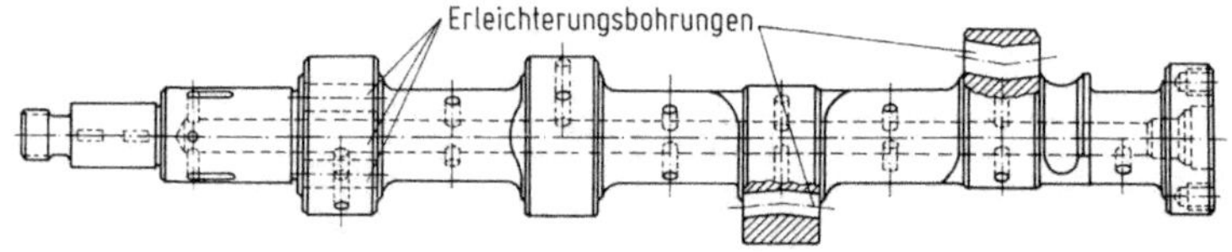

Bild 123. Ungeteilte Exzenterwelle eines 4 Kolbenmotors (Daimler-Benz).

Der Durchmesser der Grundlagerzapfen ist wegen des gegebenen Ritzels beschränkt, er ist kleiner als bei der Kurbelwelle von vergleichbaren Hubkolbenmotoren. Dennoch ist nicht die Wellenbeanspruchung sondern die Grundlagerbelastung für die Breite des Mantels bestimmend (s. a. Abschnitt 5.14).

Da der Schwerpunkt des Kolbens auf einem Kreis mit dem Durchmesser 2 e umläuft, kann mit Gegengewichten voll ausgeglichen werden, bereits eine Einheit ist frei von äußeren Massenkräften (s. a. Abschnitt 3.2). Es ist nicht erforderlich, daß die Welle symmetrisch ist, man kann die Exzenter beliebig zueinander anordnen. Da innerhalb des Motors nur schwerlich Gegengewichte angebracht werden können — hierdurch würde der einfache Aufbau beträchtlich gestört werden —, empfiehlt es sich, benachbarte Exzenter möglichst um 180° zu einander zu versetzen, natürlich müssen gleiche Zündabstände eingehalten werden.

Beim 2-Kolbenmotor ergeben sich sehr günstige Verhältnisse, denn die Exzenter sind entgegengerichtet, das Mittellager ist durch Massenkräfte gar nicht belastet (s. Bild 124).

Ungünstiger ist der 3-Kolbenmotor, die Exzenter müssen der Zündfolge wegen um 120° zueinander versetzt werden, die innere Entlastung der Lager ist daher weniger gut. Durch Zerlegung der an den Exzentern wirkenden Massenkräfte in horizontale und vertikale Rich-

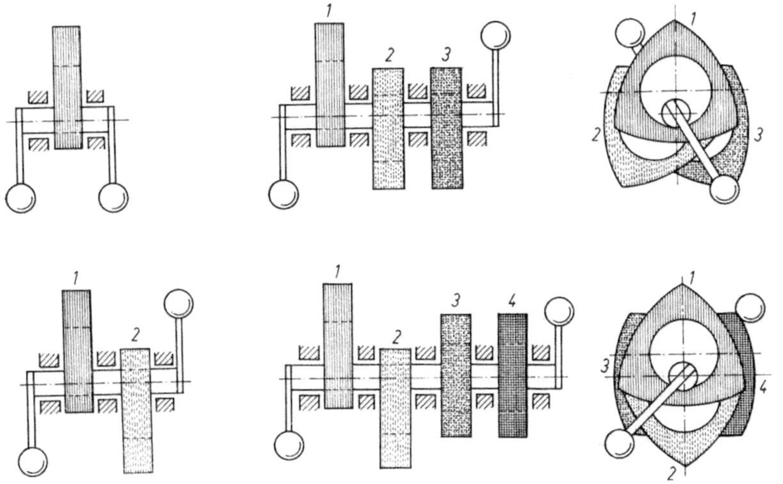

Bild 124. Massenausgleich bei 1-, 2-, 3- und 4-Kolbenmotoren.

tungen und Multiplikation mit den Hebelarmen läßt sich Größe und Richtung der Gegengewichte leicht bestimmen.

Beim 4-Kolbenmotor legt man die Exzenter 1 und 2 sowie 3 und 4 zweckmäßigerweise einander gegenüber (s. Bild 124). Der Versatz der Exzenter 2 zu 3 von nur 90° bringt für das Mittellager verhältnismäßig hohe Belastung, sie ist fast so hoch wie bei den Lagern 2 und 3 des 3-Kolben-Motors, die Massen der Kolben 1 und 4 und die Gegengewichte wirken etwas entlastend (s. a. Bild 128). Für Motoren, bei denen man auf die Gleichförmigkeit bei niederen Drehzahlen nicht so großen Wert legt, bietet sich die Exzenteranordnung des Bildes 125 an, bei dieser sind die Grundlager so nieder belastet wie beim 2-Kolben-Motor, jedoch finden immer gleichzeitig an zwei Kolben Zündungen statt, die Zündabstände sind also nicht mehr 90° sondern wie beim 2-Kolben-Motor 180°. Für Sportmotoren ist diese Lösung zweifellos von Interesse, zu beachten sind die höheren Drehschwingungsausschläge.

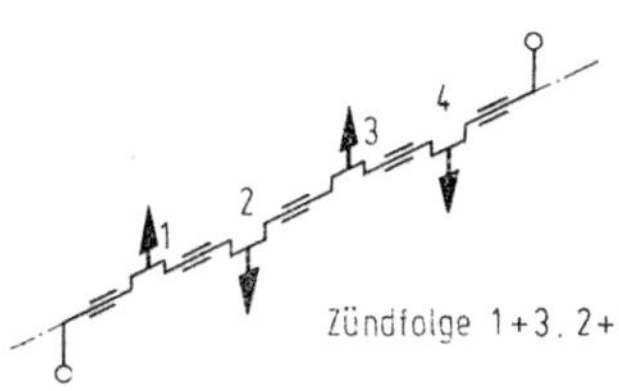

Bild 125. Exzenterwelle eines 4-Kolbenmotors mit 180° Zündabstand.

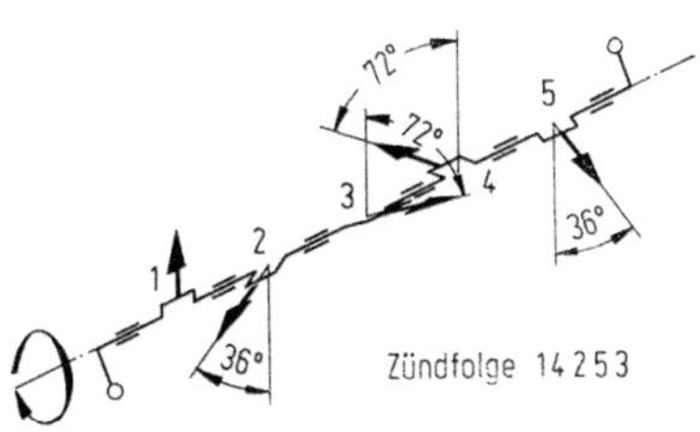

Bild 126. Exzenterwelle für 5-Kolbenmotor.

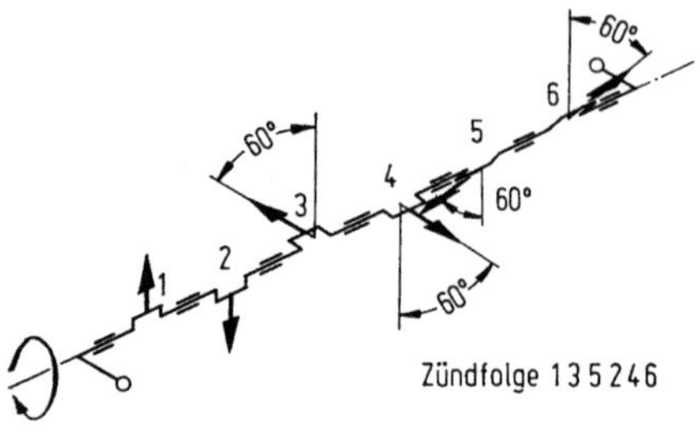

Bild 127. Exzenterwelle für 6-Kolbenmotor.

In den Lagerbelastungen recht günstig ist der 5-Kolben-Motor, (s Bild 126), weil die benachbarten Exzenter um 144° versetzt sein können. Auch der 6-Kolben-Motor (s. Bild 127) läßt sich darstellen, der ungünstigste Winkel der Exzenter zueinander ist 120°. Man ersieht, daß auch mit zunehmender Kolbenzahl innenliegende Gegengewichte nicht notwendig werden, wenn man die Zündfolgen entsprechend wählt.

Mit länger werdenden Exzenterwellen nehmen die Drehschwingungsausschläge am vorderen Wellenende zu, man ist etwa vom 4-Kolben-Motor an gezwungen, einen Schwingungsdämpfer vorzusehen. Auch wenn die Wellenbeanspruchungen noch gut ertragen werden, müssen dennoch die Ausschläge klein gehalten werden, weil sonst die Zahnräder überbeansprucht werden, sie vertragen größere Winkelausschläge nicht. Der Schwingungsdämpfer des 4-Kolben-Motors ist nicht groß, selbst beim 6-Kolben-Motor ist er noch gut darstellbar, erst darüber nimmt er ungünstige Dimensionen an.

In Bild 128 sind die Flächenpressungen an den ungünstigsten Grundlagern von 2-, 3-, 4-, 5- und 6-Kolben-Motoren über der Drehzahl bei

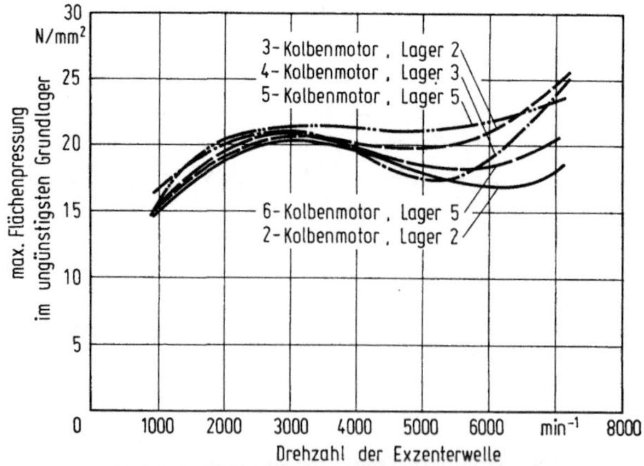

Bild 128. Flächenpressung an den ungünstigsten Grundlagern bei 2-, 3-, 4-, 5- und 6-Kolbenmotoren. Vollast, Tempergußkolben.

Vollast aufgezeichnet. Bei niederen Drehzahlen ist der Gasdruck bestimmend, er wird dann durch die Massenkräfte abgebaut und schließlich überwiegen diese. Man ersieht, daß der 2-Kolben-Motor besonders günstig liegt, dagegen zeigen die 3- und 4-Kolben-Motoren bei höheren Drehzahlen einen steilen Anstieg der Lagerbelastung. Das Bild gilt für Temperguß-Kolben; mit Leichtmetall-Kolben verläuft die Zunahme wesentlich flacher, hiermit ließen sich auch mit 3-, 4-, 5- und 6-Kolbenmotoren Drehzahlen erreichen, wie sie kaum mehr von Interesse sind. Soweit möglich erleichtert man natürlich die Exzenter (s. a. Bild 123).

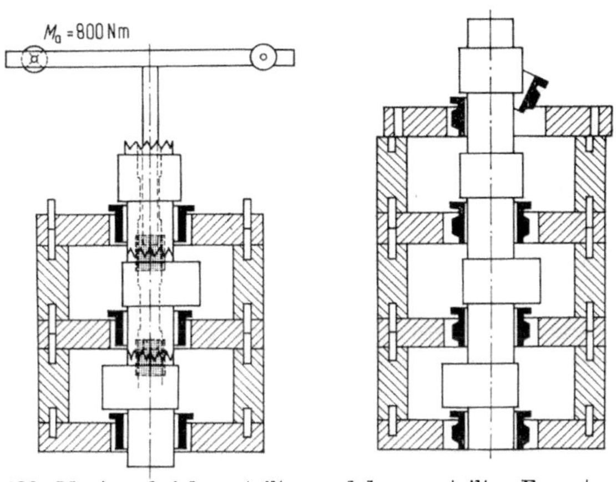

Bild 129. Montage bei der geteilten und der ungeteilten Exzenterwelle.

Nur bei Motoren mit nicht mehr als zwei Grundlagern läßt sich eine ungeteilte Exzenterwelle mit einteiligen Lagerkörpern und Stirnrädern anwenden. Die Lager können in diesem Fall von beiden Seiten eingeführt werden, ein Flansch zur Befestigung des Schwungrades verbietet sich natürlich. Es ist nicht einfach, am verhältnismäßig dünnen Wellenende hierfür eine befriedigende Lösung zu finden, vor allem durch Kreiselkräfte — die Welle biegt sich unter der Belastung durch, das Schwungrad will nicht folgen — ist die Verbindung hoch beansprucht. Beim zweifach gelagerten 2-Kolbenmotor ergeben sich durch die unterschiedliche Lage der Verzahnung spiegelbildliche Kolben, es sei denn die Kolben sind symmetrisch, wodurch eine optimale Brennraumgestaltung und Ölführung verhindert wird. (s. Abschnitt 5.63).

Sofern man 3 und mehr Grundlager vorsehen will, bzw. muß, kommt man nicht ohne geteilte Welle oder geteilte Stirnrad-Lagerkörper aus. Beides ist unerfreulich und bereitet gewisse Schwierigkeiten. Die Nachteile der geteilten Welle sind:

1. Die Fluchtung der Lagerstellen kann nicht überprüft werden, da das Zusammenschrauben während der Montage erfolgt (s. Bild 129).

2. Die notwendigen Anziehmomente zum Zusammenschrauben sind sehr hoch, Schrauben- und Schlüsselquerschnitt sind bei dem verhältnismäßig kleinen Wellendurchmesser nur mit besten Werkstoffen ausreichend.
3. Es ist fraglich, ob die Verbindung bei 4-Kolbenmotoren die auftretenden Kräfte noch übertragen kann.
4. Beim Zusammenschrauben gehen die Lagerdurchmesser auf, die Welle muß zusammengebaut geschliffen werden, die Teile sind nicht austauschbar.
5. Die Verzahnungen müssen sehr genau gefertigt sein, ihre Herstellung ist daher teuer.
6. Nur geschultes, hochwertiges Personal kann die Demontage und Wiedermontage durchführen.

Die Nachteile der geteilten Stirnradlagerkörper sind:

1. Man teilt Zahnräder wegen der Gefahr von Verzahnungsungenauigkeiten nicht gerne.
2. Die Körper werden mit Hilfsschrauben zusammengeschraubt bearbeitet, im eingebauten Zustand ist ihre Rundheit (Lagerbohrung und Zahnräder) nicht gewährleistet.
3. Die Montage der geteilten Stirnräder ist aufwendiger.

Das Bild 130 zeigt die Verbindung von zwei Exzenterwellenstücken. Eine mit Innenverzahnung versehene Schraube mit unterschiedlicher Steigung der beiden Gewinde hält die Teile zusammen, der beschränkte Durchmesser des Montagewerkzeuges ist zu erkennen.

In Bild 131 ist ein geteilter Stirnradlagerkörper dargestellt, wie er bei den Mercedes-Benz-Motoren Verwendung findet. Die Trennstelle ist fein gezahnt, wobei derjenige Zahn, der am Zahnfuß des Stirnrades eine Kerbwirkung hervorrufen könnte, weggelassen wurde. Die Körper werden mit kurzen Hilfsschrauben zusammengesetzt bearbeitet, badnitriert und außen sowie in der Lagerbohrung fertiggeschliffen. Ihre Montage ist in Bild 129, ihr Einbau in den Zwischenscheiben in den

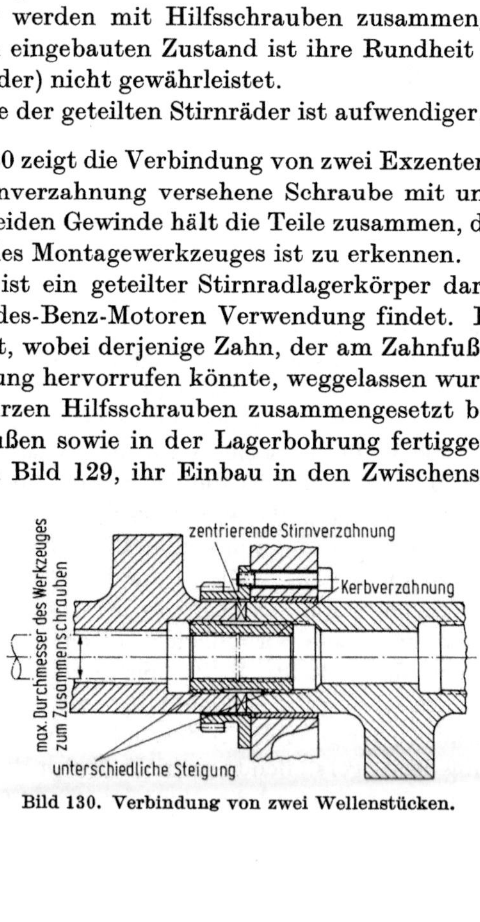

Bild 130. Verbindung von zwei Wellenstücken.

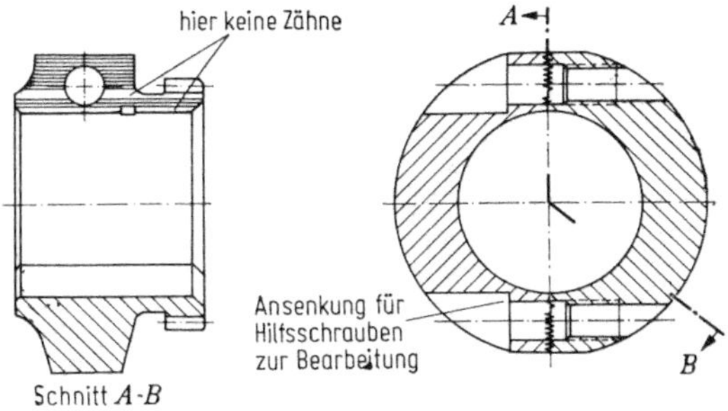

Bild 131. Geteilter Stirnradlagerkörper (Daimler-Benz).

Bildern 161 und 163 zu sehen. Das Paßlager, das kein Zahnrad besitzt, wird ebenso in der Abtriebseite befestigt, das Stirnradlager in der Endseite kann jedoch ungeteilt sein. Die Anordnung ist so getroffen, daß die Befestigungsschrauben nicht vom Zünddruck beansprucht werden, das Bett liegt der Zündkerze gegenüber. Dies ist von Vorteil, bei den Hubkolbenmotoren müssen die Gaskräfte von den Lagerdeckeln und deren Schrauben aufgenommen werden. Durch eine genau einzuhaltende Überdeckung kann erreicht werden, daß die Lager nach dem Einbau rund oder geringfügig hoch-oval sind, quer-oval wird wegen der schlechteren Ölfilmbildung vermieden; wie die Erfahrung gezeigt hat, reagiert die Ritzelverzahnung nur wenig auf die gegenüber der Herstellung veränderte Einspannung. Die Orientierung der Stirnrad-Lagerkörper geschieht bei der Montage mittels einer Vorrichtung, die sich nach den Paßstiften im Gehäuse richtet, im Betrieb verhindert der Reibschluß eine Veränderung.

Wenn auch der geteilte Stirnradlagerkörper ein nicht gerade billiges Bauteil ist, das einige Entwicklung notwendig machte, so hat sich diese Lösung bei 2-, 3- und 4-Kolbenmotoren sehr gut bewährt; die Körper können in ihren Toleranzen so gehalten werden, daß sie austauschbar sind, ein Auswählen entfällt. Erfreulicherweise hat sich gezeigt, daß selbst die 4-Kolben-Motoren hinsichtlich der Lagerflucht nicht empfindlich sind, bzw. es sorgt die Exzenterwelle bei der Montage dafür, daß die Fluchtung befriedigend wird; die Paßstifte auf der Zahnradseite werden eng gehalten, um die Zuordnung zur Trochoide zu sichern, diejenigen zur nächsten Scheibe dagegen sollen größeres Spiel haben, damit die erwähnte Wirkung eintreten kann.

Es liegt nahe, das Schmieröl über eine Längsbohrung in der Exzenterwellenmitte den Lagerstellen zuzuführen. Um das Lager an der Einspeisungsstelle nicht sehr lang machen zu müssen, wodurch bei der verhältnismäßig dünnen Welle Kantenträger zu befürchten wären, ist die Lösung des Bildes 132 zu empfehlen. Eine durch einen O-Ring zum Gehäuse gedichtete Hülse mit ausreichend Spiel zur Welle wird durch den Öldruck axial gegen eine mit der Welle umlaufende Fläche gedrückt und versperrt den Austritt des Öls.

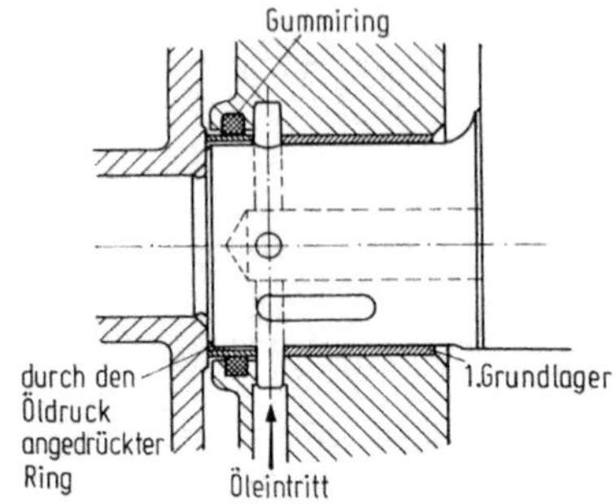

Bild 132. Öleinspeisung in die Exzenterwelle.

Die Bohrungen zu den Lagerzapfen sind wie üblich so zu legen, daß das Öl in unbelasteten Zonen möglichst kurz vor den belasteten austreten kann. Die Prolardiagramme (s. Bild 133 und 134) geben hierüber Aufschluß.

Da Wankelmotoren wesentlich weniger Lagerstellen als Hubkolbenmotoren haben, genügt eine viel kleinere Ölpumpe; als Richtwert kann etwa die halbe Fördermenge angesetzt werden. Zu beachten ist jedoch, daß wegen der intensiven Kolbenkühlung und auch bei den höheren Drehzahlen mehr Ölwärme als beim Hubkolbenmotor anfällt, der meist notwendige Ölkühler muß entsprechend reichlich dimensioniert werden. Da die im Kühlwasser anfallende Wärme geringer als beim Hubkolbenmotor ist — die im Motor zu kühlenden Flächen sind viel kleiner —, ergibt sich gesamt kein größerer Kühler.

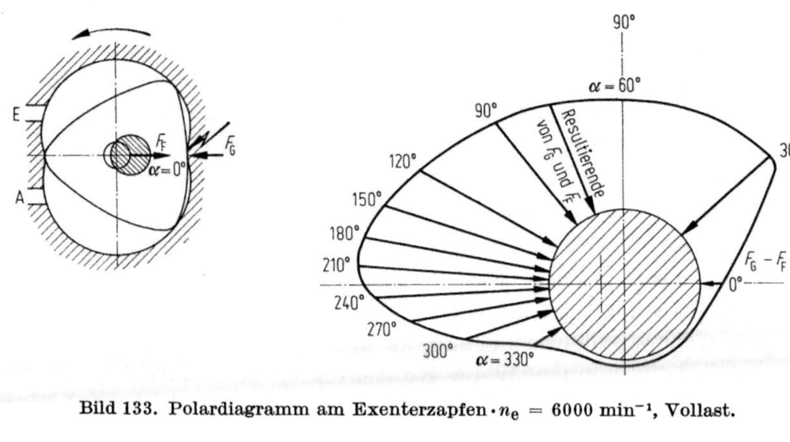

Bild 133. Polardiagramm am Exzenterzapfen · n_e = 6000 min^{-1}, Vollast.

Als Werkstoffe für die Exzenterwelle kommen die auch bei Kurbelwellen üblichen zum Einsatz, z. B. CK 45 auf 800—900 N/mm² vergütet und an den entsprechenden Stellen induktionsgehärtet. Bei zweifach gelagerten 2-Kolben-Exzenterwellen kann auch an einen Gußwerkstoff gedacht werden.

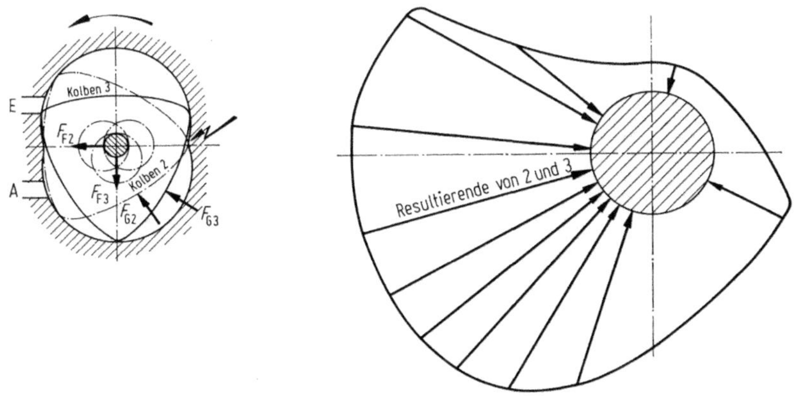

Bild 134. Polardiagramm am 3. Grundlagerzapfen eines 4 Kolbenmotors $\cdot n_e = 6000\ \text{min}^{-1}$, Vollast.

5.68 Ölwanne

Die Ölwanne des Wankelmotors ist immer vom Triebwerkraum getrennt. Befindet sie sich unterhalb der Gehäuse, fließt das Öl durch natürliches Gefälle aus den Seitenscheiben ab. Man kann auch einen gesonderten Ölbehälter vorsehen, in den eine zusätzliche Saugpumpe das sich in einem kleinen unter dem Motor befindlichen Raum sammelnde Öl fördert. Diese Lösung kann notwendig werden, da die Exzenterwellenmitte — bezogen auf die Motor-Unterkante — verhältnismäßig hoch liegt und man den Motor möglichst tief einbauen möchte. Die Ablauföffnungen an den Seitenscheiben dürfen nicht zu klein gewählt werden, da Schaum den Durchfluß behindern kann.

5.69 Zuganker

Die Dimensionierung der Zuganker ergibt sich aus den Kräften nach Bild 122 und dem notwendigen Reibungsschluß (s. a. Abschnitt 5.66). Um bei den sehr langen Schrauben ein Zurückfedern nach dem Anziehen der Muttern zu verhindern, muß auf der Gewindeseite oder in deren Nähe eine Drehsicherung angebracht werden. Es kann z. B. die Beilagscheibe über eine Kerbzahnung die Schraube halten, eine Nase die Drehung zum Gehäuse verhindern (s. Bild 135). Die Schraubenkraft darf nicht zu weit getrieben werden, da die Gefahr besteht, daß die Trochoidenlaufbahn verformt wird. Zur Vermeidung von Biegeschwingungen der langen Zuganker kann es notwendig werden, diesen etwa in der Mitte eine enge Führung zu geben (NSU).

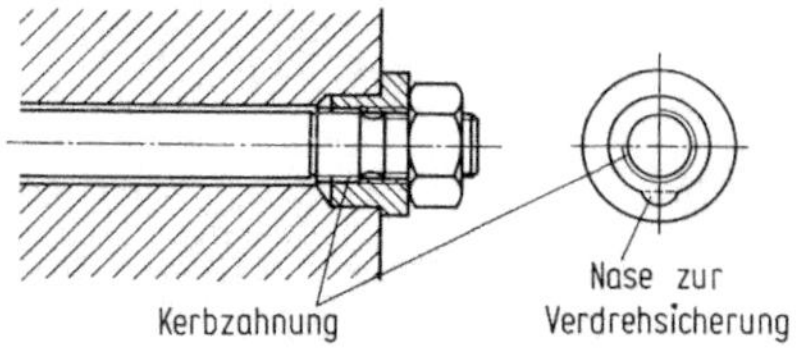

Bild 135. Drehsicherung der Zuganker.

5.6.10 Zündanlage

Die Zündanlage des Wankelmotors hat gegenüber derjenigen des Hubkolbenmotors eine weitaus schwierigere Aufgabe. Bei jeder Umdrehung der Exzenterwelle erfolgt an jeder Zündkerze ein Funke, ein Erholungstakt mit kühlendem Frischgas ist nicht gegeben, außerdem sind die maximalen Motordrehzahlen meistens höher. Der Wärmewert der Kerze muß dementsprechend hoch sein, damit wächst die Möglichkeit der Verschmutzung; hinzu kommt noch vor allem beim Kaltstart die Gefahr, daß Kraftstoffkondensat oder auch Öl durch die Dichtleisten in die Kerzenbohrung geschoben wird. Hieraus folgt, daß nur eine Zündanlage mit sehr hoher Zündspannung zu gebrauchen ist, z. B. eine Thyrister -Zündung mit Nachentladung, wie sie sich auch bei Hubkolbenmotoren mit hoher Leistungsausbeute durchzusetzen beginnt. Der sogenannte „Funkenschwanz" sollte nicht kleiner als 0,6 ms sein, damit eine zuverlässige Zündung insbesondere bei armem Gemisch in dem zurückliegenden Kerzenraum stattfindet. Zweckmäßigerweise neigt man die Kerze so, daß eingedrungene Flüssigkeit abfließen kann. Gleitfunkenkerzen haben sich sehr gut bewährt.

Sofern der Zündverteiler mit halber Exzenterwellendrehzahl läuft, was zur Entlastung des meist üblichen Schraubenradtriebes wünschenswert ist, muß eine doppelte Stromunterbrechung, d. h. ein Doppelnocken am Unterbrecher oder ein Doppelanschluß bei kontaktloser Steuerung vorgesehen werden. Beim 2-Kolbenmotor könnten sich auch 2 Kreise mit getrennten Zündspulen empfehlen, der Verteiler entfällt dann, es bleibt nur der Unterbrecher, der leicht unterzubringen ist.

Im Hinblick auf die geringen Wartungsansprüche des Wankelmotors wäre eine kontaktlose Zündunterbrechung sehr wünschenswert, allerdings wird sie in vielen Fällen aus Kostengründen abgelehnt werden müssen.

5.6.11 Hilfsgeräte

Zum Antrieb der starr angetriebenen Hilfsgeräte (Ölpumpe, Einspritzpumpe bei Benzineinspritzung u. dergl.) werden Zahnräder oder auch Einfach-Rollenketten verwendet, ihre Beanspruchung ist nieder, trotz sehr hoher Drehzahlen ist ihr Verschleiß nur gering. Wie bereits erwähnt, ist die Ölpumpe wesentlich kleiner als beim Hubkolbenmotor.

Die verhältnismäßig hoch liegende Exzenterwelle gestattet häufig, den Lüfter unmittelbar an dieser zu befestigen. Zu beachten sind die auftretenden hohen Lüfterdrehzahlen sowie die Wärmebeanspruchung bei Verwendung einer Visco-Lüfterkupplung.

Wasserpumpe, Lichtmaschine, eventuell Luftpumpe zur Abgasreinigung, Kompressor für eine Klimaanlage, Ölpumpe für Servolenkung, Pumpe für Niveauregulierung, Komforthydraulikpumpe usw. werden wie üblich mit Keilriemen angetrieben, ihre Unterbringung bereitet oft Kopfzerbrechen, vor allem weil die Zugänglichkeit zu den seitlich liegenden Zündkerzen und auch zum Ölfilter nicht beeinträchtigt werden darf. Wegen der großen Steuerzeit-Überschneidung reicht der Unterdruck meist nicht für die Servobremse aus, daher kann eine besondere Unterdruckpumpe, wie sie PKW-Dieselmotoren schon lange haben und auch Otto-Hubkolbenmotoren bald bekommen werden, notwendig werden. Sie kann unmittelbar oder auch mit Keilriemen angetrieben werden.

Insbesondere bei Motoren mit sehr hoher Leistung nimmt das Luftfilter mit Geräuschdämpfer einen beachtlichen Bauraum ein, so daß der klein bauende Grundmotor kaum mehr zu erkennen ist (s. a. Bild 162).

5.7 Baureihe

Für Firmen mit einem breiten Motorenprogramm zeigt der Wankelmotor ganz besondere Vorteile, weil bis zu 6 Einheiten zu einem Motor zusammengesetzt werden können, die wichtigen und in der Fertigung aufwendigen Teile können dabei voll übernommen werden. Die Transferstraßen können auf sehr große Stückzahlen ausgelegt werden, auch wenn die einzelnen Motorenmodelle verhältnismäßig kleine Serien sind. Zu beachten ist, daß zudem die meisten Bauteile innerhalb eines Motors mehrfach vorkommen. Da die Stückzahl auf die Herstellungskosten von entscheidender Bedeutung ist, ergeben sich bei einer Baureihe beträchtliche Kostensenkungen, wobei die Typen mit kleiner Zahl besonders profitieren, weil sie von den übrigen großen Stückzahlen Nutzen haben, während sie als Hubkolbenmotoren gesonderte unrentable Fertigungseinrichtungen erforderten.

Die Gleichheit der Teile verringert nicht nur die Investitionen, den Raum- und Facharbeiterbedarf, sondern auch den Entwicklungsaufwand und schließlich die Ersatzteillager. Auch wenn von der Technik her mehr als 2 Kolben je Motor nicht notwendig sind, so kann sich doch die Baureihe der aufgeführten Vorteile wegen empfehlen.

Von Fahrzeugmotoren lassen sich auch leicht Motoren für andere Zwecke, wie Flugzeuge, Boote u. a. ableiten. Wenn die Hauptabmessungen von einer Groß-Serie übernommen werden können, erzielt man auch hier eine beachtliche Kostensenkung.

5.8 Benennung der Bauteile

Um für die in vieler Hinsicht vom Hubkolbenmotor abweichenden Bauteile von vornherein einheitliche Bezeichnungen zu schaffen, wurde

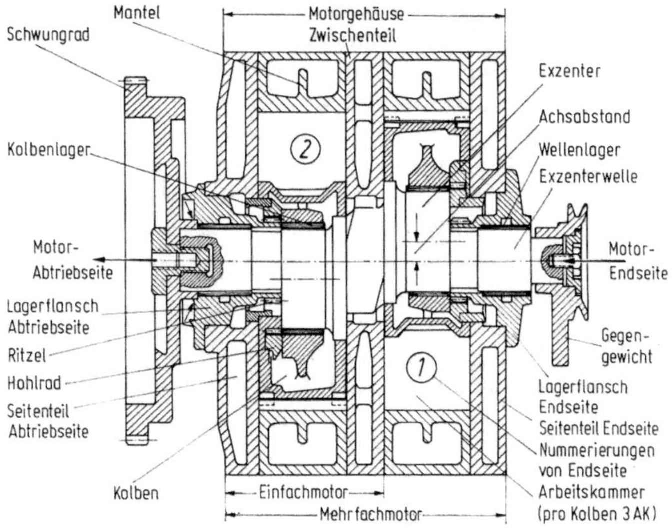

Bild 136. Bennennung der Teile: Gesamtmotor.

unter Prof. Dr. E. Huber als Obmann eine Testgruppe aus Vertretern des Deutschen Patentamtes und der interessierenden Firmen gebildet. Das Ergebnis ist in den Bildern 136 bis 142 aufgezeigt (s. a. [9]). Im Laufe der Zeit werden gewisse Änderungen notwendig sein, und es werden neue Begriffe hinzukommen, nur in zwingenden Fällen sollte man von den festgelegten Bezeichnungen abweichen. Für die Rotationskolbenmotor-Bauarten und die Abdichtungselemente wurden von F. Wankel Begriffe eingeführt, den Abschnitten 2.1 und 3 sind sie zu entnehmen.

5.9 Bekanntgewordene Wankelmotoren

Im folgenden werden die bis heute bekanntgewordenen Wankelmotoren behandelt und, soweit möglich, in ihren Konstruktionen aufgezeigt einerseits zur Darlegung des historischen Werdegangs, anderer-

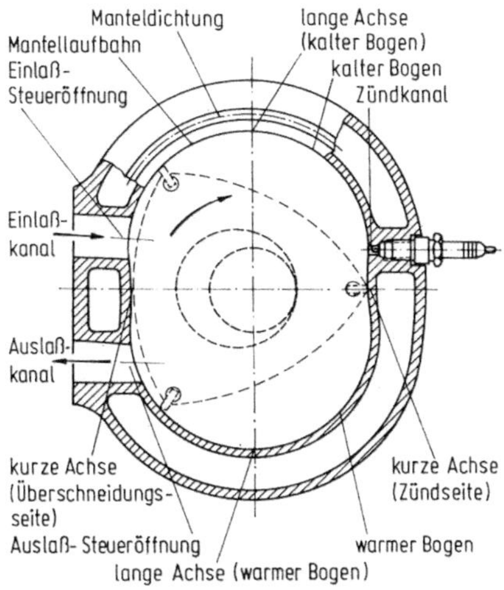

Bild 137. Benennung der Teile: Mantel

seits, um die verschiedenen konstruktiven Lösungen miteinander vergleichen zu können (s. a. [6] und [11]). Da sich der Wankelmotor am Anfang seiner Entwicklung befindet, werden bald weitere Ausführungen folgen, die die jetzigen Konstruktionen ablösen, es möge die Aufgabe von späteren Auflagen dieses Buches sein, den jeweiligen technischen Stand darzulegen.

5.91 NSU

5.911 Spider-Motor. Im Jahre 1963 brachte die Firma NSU einen Serien-Sportwagen mit einem 1-Kolben-Wankelmotor heraus. Obwohl dieser, wie bei einer so neuartigen Bauart nicht anders zu erwarten war, noch manche Kinderkrankheiten aufwies, zeigten sich doch schon deutlich die hervorstechenden guten Eigenschaften des Rotations-

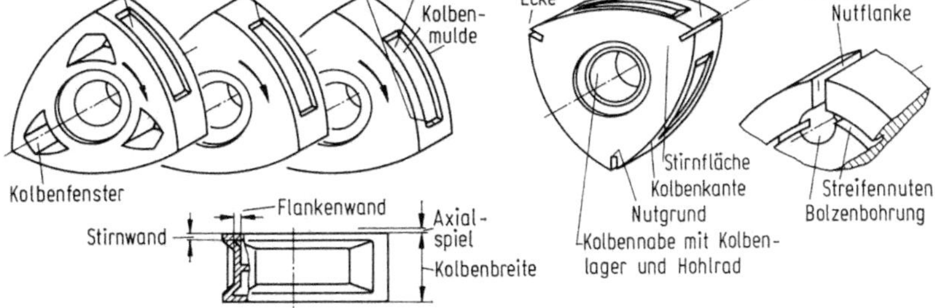

Bild 138. Benennung der Teile: Kolben.

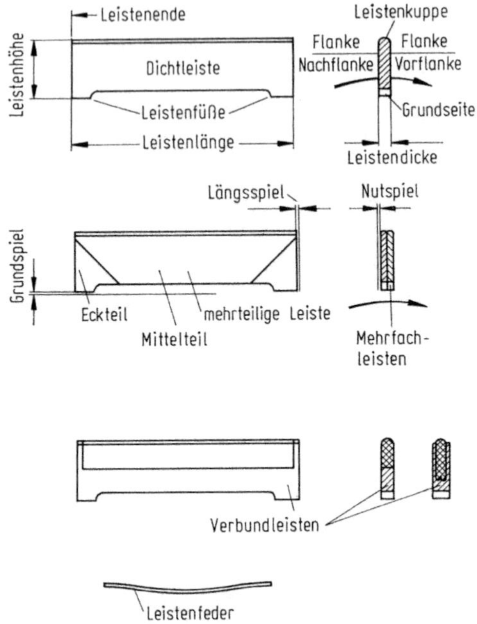

Bild 139. Benennung der Teile: Radial-Dichtung.

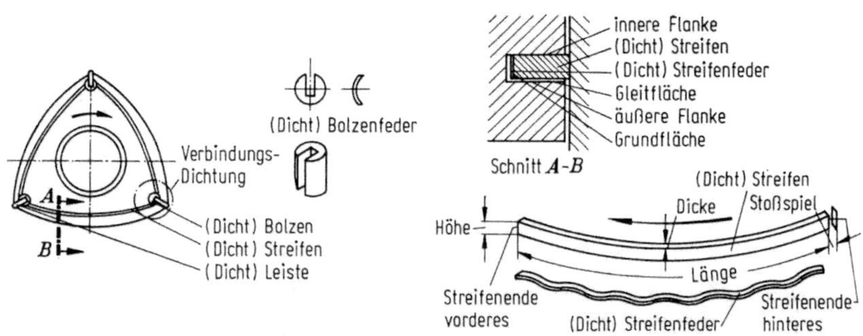

Bild 140. Benennung der Teile: Stirnflächendichtung.

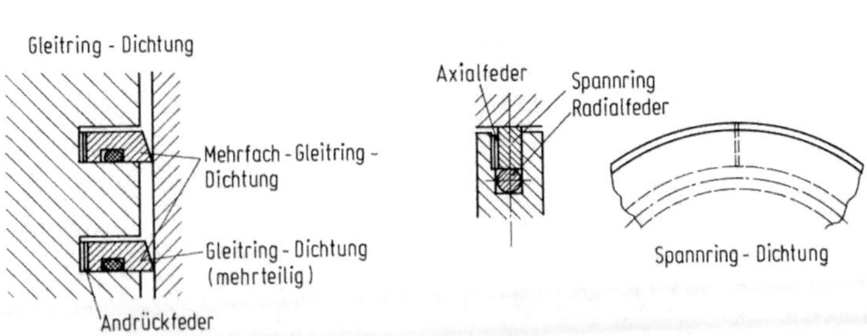

Bild 141. Benennung der Teile: Innendichtung.

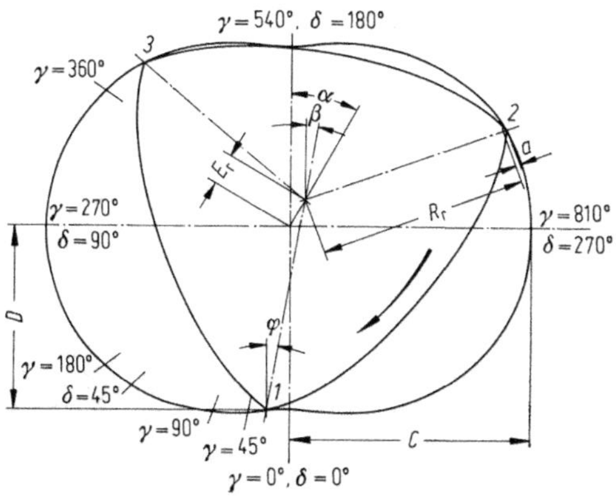

Bild 142 Benennung der geometrischen Größen und Winkel.
(Der Winkel γ entspricht nicht demjenigen der Formeln des Abschnitts 5.1).

kolbenmotors insbesondere im vibrationsfreien Lauf und in dem bei hohen Drehzahlen ungewöhnlich niederen Geräuschniveau.

Der Motor ließ sich in der Leistung beträchtlich steigern, so daß im Renneinsatz beachtliche Erfolge erzielt werden konnten.

Die Konstruktion des Spider-Motors, der die Bezeichnung KKM 502 hatte, ist in Bild 143 und 144 dargestellt. Die Hauptdaten waren [12 bis 14]:

e = 14 mm
R = 100 mm
a = 2 mm
B = 67 mm
V_K = 498 cm³, somit V_H = 996 cm³
ε = 8,5, Normalbenzin

1 Zündkerze oberhalb der kurzen Achse,
Hochspannungs-Kondensator-Zündung,

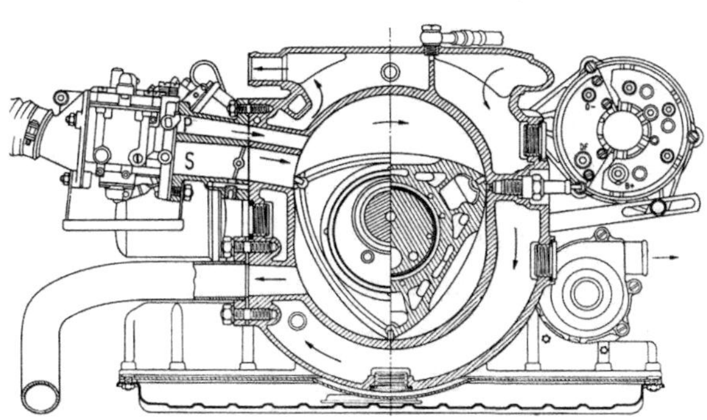

Bild 143. Querschnitt des NSU „Spider"-Motors KKM 502.

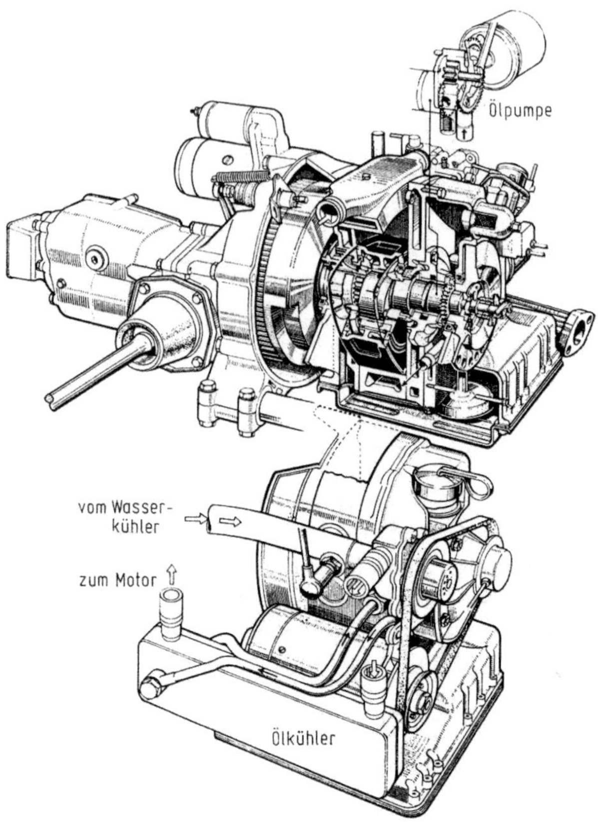

Bild 144. Schräganssicht mit Teilschnitt des „Spider"-Motors.

Wasserkühlung

$P_{eff}(N_e) =$ 40 kW (54 PS) bei 6000 min^{-1}

$M_{max} =$ 7,9 Nm bei 3500 min^{-1}, somit

$p_{meff} =$ 10 bar

Ein- und Auslaß am Umfang

$E_s =$ 41° n. AT.

$Aö =$ 42° v. ET.

Einlaßquerschnitt 8 cm^2

Auslaßquerschnitt 7 cm^2

Kolben: Temperguß, Kolbenlager 3-teilig.

Dichtleisten: Spider-Teilung
Mittelteil Hartkohle, metallimprägniert,
Eckchen IKA[1].

[1] Kolbenringwerkstoff der Fa. Goetze, Burscheidt.

Mantel: Silumin-Gamma, Laufbahn verchromt.
Seitenscheiben: Grauguß, induktiv-gehärtet.

Zu beachten ist der gesonderte Teillastkanal und die nahe an der Laufbahn befindliche Drosselklappe (s. Bild 143). Insgesamt wurden ca. 2000 NSU-Spider hergestellt.

5.912 Ro 80-Motor. Dem „Spider" folgte im Jahre 1967 ein 4-sitziger Personenkraftwagen mit einem 2-Kolben-Wankelmotor [15, 16]. Der Wagen war als Fronttriebwagen für die besonderen Verhältnisse des im Raumbedarf kleineren und niederen Motors konstruiert worden, er erregte infolge seiner modernen Form, seiner hervorragenden Straßenlage und der Geräuscharmut des Motors großes Aufsehen.

Leider zeigten sich im Kurzstreckenverkehr Schwierigkeiten durch zu hohen Verschleiß der Dichtleisten, im Fernverkehr dagegen wurden hohe Laufstrecken erreicht. Auch gab es Störungen in der Zündanlage; bis zum Jahre 1969 waren 2 Zündkerzen mit den gleichen Zündzeiten — es wurde nur ein Zündverteiler verwendet — vorgesehen (s. Bild 145). Mit dem Übergang auf nur eine Zündkerze kam statt der bisherigen Spulenzündung eine Thyristor-Zündanlage zur Anwendung, die sich sehr gut bewährte. Ende 1970 konnte der zu hohe Dichtleistenverschleiß durch Ferrotic-Dichtleisten anstelle der IKA-Leisten (s. a. Abschn. 5.611) beseitigt werden, so daß jetzt unabhängig von der Fahrweise hohe Laufstrecken ohne Beanstandung erreicht werden. Im

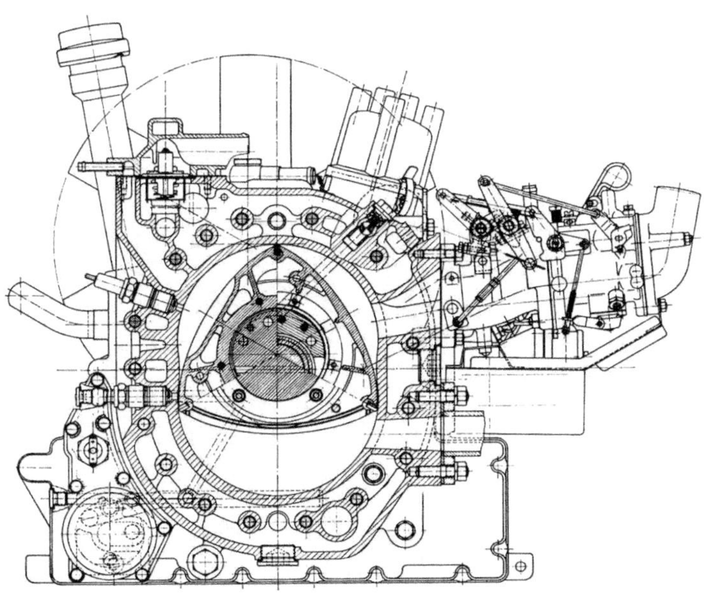

Bild 145. Querschnitt durch den „Ro 80"-Motor KKM 612 (Baujahr 1967).

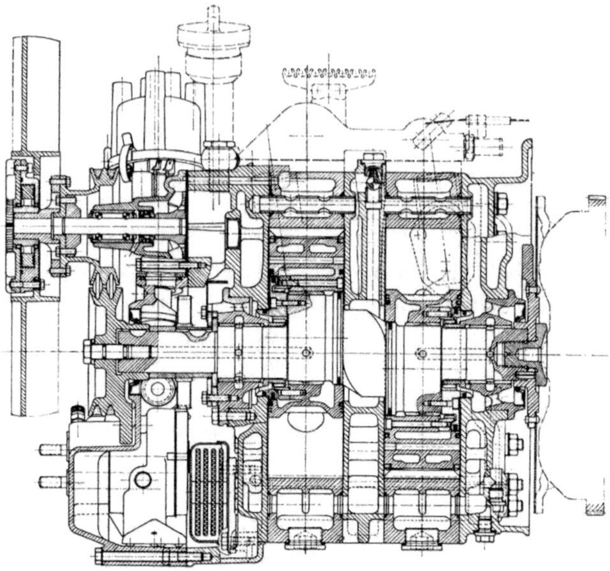

Bild 146. Längsschnitt durch den „Ro 80"-Motor KKM 612.

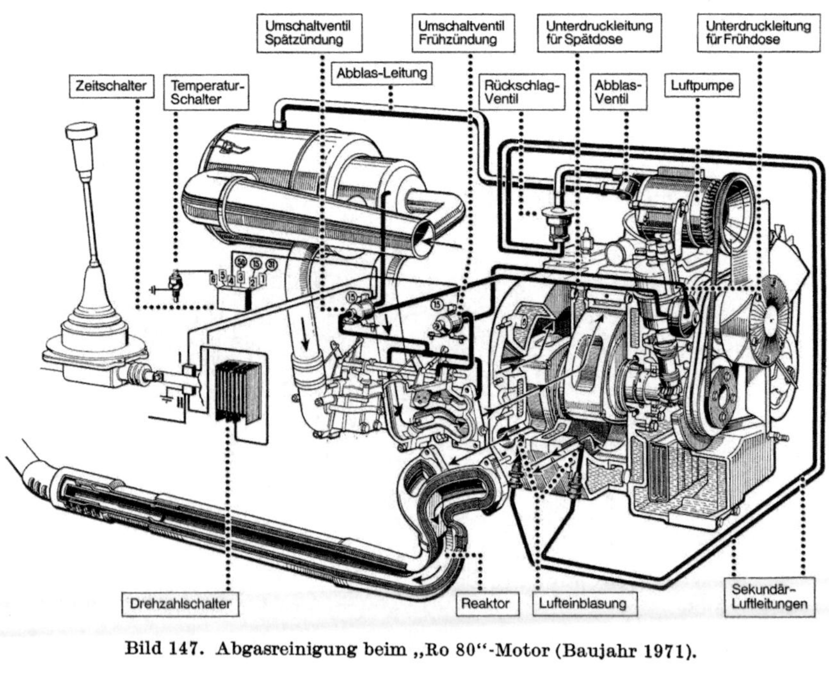

Bild 147. Abgasreinigung beim „Ro 80"-Motor (Baujahr 1971).

Sommer 1971 stellte NSU den nunmehr serienmäßig mit Abgasreinigung versehenen Ro 80 vor, in dem auch viele Erfahrungen der vergangenen Serie verwertet wurden [17].

Die Bilder 144 bis 147 lassen den konstruktiven Aufbau des Ro 80-Motors KKM 612 erkennen, viele Details wurden im Abschnitt 5.6 bereits behandelt.

Die Daten des Ro 80-Motors sind:

e = 14 mm
R = 100 mm
a = 2 mm
B = 67 mm
V_K = 498 cm^3, somit V_H = 1992 cm^3
ε = 8,8, Normalbenzin.

Zuerst 2 Zündkerzen je Mantel mit normaler Spulenzündung, ab 1969 1 Zündkerze und Thyristorzündung.

$P_{eff}(N_e)$ = 85 kW (115 PS) bei 5500 min^{-1}
M_{max} = 162 Nm bei 4500 min^{-1}, somit p_{meff} = 10,2 bar

Ein- und Außlaß am Umfang

Eö = 109 v. ÜT.
Es = 42 n. AT.
Aö = 63 v. ET.
As = 71 n. ÜT.

Einlaßquerschnitt 8 cm^2
Auslaßquerschnitt 6 cm^2

Kolben:	Temperguß, gleitgelagert.
Dichtleisten:	Gliederleiste 5 × 8,3 mm. Mittelteil Ferrotic, Eckchen IKA.
Exzenterwelle:	zweifach gelagert.
Mantel:	Silumin-Gamma, Elnisil-beschichtet.
Seitenscheiben:	Grauguß, Laufbahn der Dichtstreifen Molybdängespritzt.

Zur Ölkühlung dient ein wassergekühlter Wärmetauscher.

Zur Vermeidung des Schieberuckelns und wohl auch von zu hohem Reifenverschleiß beim Fronttrieb wurde ein Drehmomentwandler mit unterdruckbetätigter Trennkupplung (Sportomatic) serienmäßig vorgesehen. Motor und Wandler sind am gleichen Ölkreislauf angeschlossen.

In Bild 147 ist die heutige serienmäßige Ausführung der Abgasreinigungsanlage mit den entsprechenden Regelgeräten dargestellt. Sie ist recht einfach geworden, ursprünglich fanden nur für die USA-Lieferungen zwei getrennte Reaktoren Anwendung [17].

Insgesamt wurden bis Ende 1971 2400 Ro 80 gefertigt; die Motoren finden auch für Motorboote Verwendung (s. Bild 148), ihre Vibrationsfreiheit und Geräuscharmut ist hier von großem Vorteil.

5.92 Curtiss-Wright

Curtiss-Wright war der erste Lizenznehmer von Wankel-NSU (1958). Es wurden zunächst nur Versuchsmotoren der verschiedensten Art gebaut, um die Eigenschaften des neuen Motorenprinzips kennenzulernen [18 bis 24]. Das Kammervolumen betrug meist 1000 cm^3, die

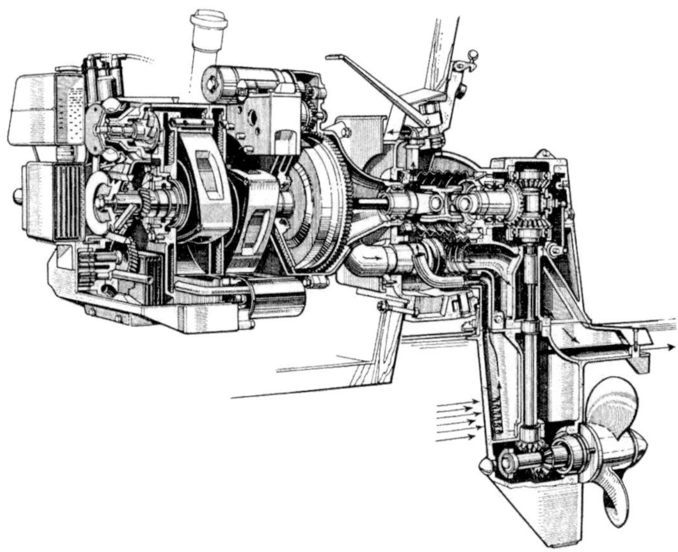

Bild 148. „Ro 80"-Bootsmotor.

Kolbenzahl 1,2 und 4. Mit dem wassergekühlten 4-Kolbenmotor wurden Leistungen bis 315 kW (430 PS) bei 6500 min^{-1} erreicht, diese Bauart wurde jedoch offenbar nicht weiter verfolgt, man bevorzugte die 2-Kolbenmotoren. Auch die Arbeiten an einem Versuchsmotor mit $V_K = 3200$ cm^3, mit dem man die Grenzen des Wankelprinzips zu erkennen suchte, wurden wieder eingestellt, nachdem man 580 kW (790 PS) bei 1525 min^{-1} erzielt hatte. Der kleinste Motor hatte nur 70 cm^3 Kammervolumen und Luftkühlung.

Die Arbeiten erstreckten sich auf Umfangs- und Seiteneinlaß, auf Wasser- und Luftkühlung, auch auf Benzineinspritzung insbesondere für Vielstoffbetrieb, Aufladung und anders mehr.

Über konstruktive Details ist in den Veröffentlichungen nur wenig enthalten; soweit bekannt ist, wird ein wassergekühlter 2-Kolbenmotor

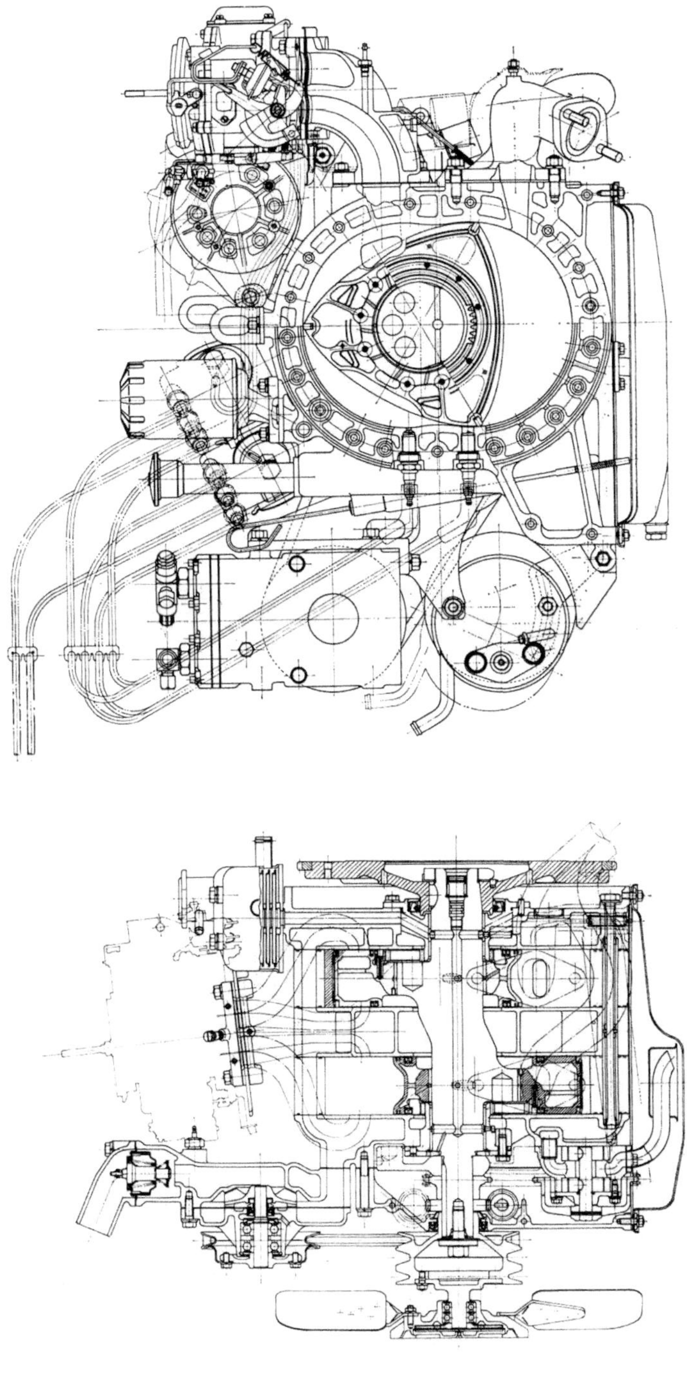

Bild 149. Längs- und Querschnitt durch den „Mazda R 130“.

mit $V_K = 1000\,\text{cm}^3$, Vergaser und Seiteneinlaß, mit einer Leistung von 136 kW (185 PS) für Fahrzeuge und Motorboote hergestellt, auch wurde von einem Einsatz dieses Motors in einem Flugzeug mit besonderer Schalldämpfung berichtet.

Das Motorgewicht wird mit 108 kg angegeben.

5.93 Toyo Kogyo

Nachdem die japanische Firma Toyo Kogyo im Jahre 1961 die Wankelmotorenlizenz erworben hatte, suchte sie mit einem erstaunlichen Einsatz und bewunderungswürdiger Zielstrebigkeit die Aussichten dieser neuen Motorenbauart zu ergründen. Das Ergebnis war positiv, und schon nach wenigen Jahren beschloß man, keine Entwicklungsarbeiten mehr am Hubkolbenmotor durchzuführen, sondern sich ausschließlich dem Wankelmotor zuzuwenden. Bereits 1967 konnte der

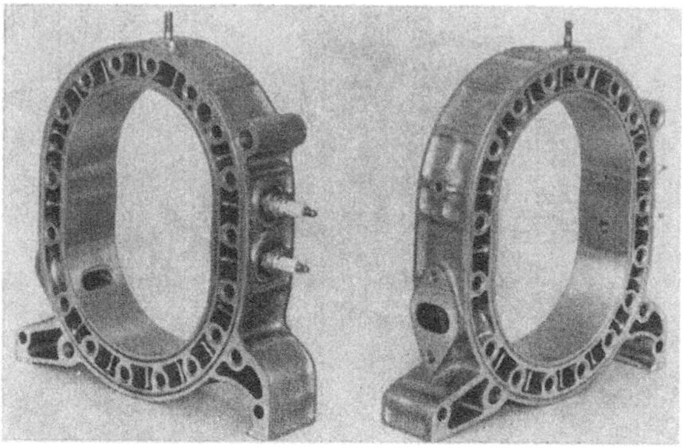

Bild 150. Mantel aus Druckguß mit Transplant-Verfahren.

Sportwagen „Mazda 110 S" mit einem 2-Kolbenmotor vorgestellt werden, ihm folgten die Typen „Mazda R 100" (Coupé und Limousine), „Mazda R 130" (Coupé) und „Mazda RX 2 und RX 3" (Limousine) [25 bis 27]. Die Ausbringung stieg unaufhaltsam an, zur Zeit werden mehr als 12000 Wagen mit Wankelmotor monatlich hergestellt, insgesamt wurden bis Ende 1971 über 200000 Wagen gefertigt.

Das Bild 149 zeigt den Längs- und Querschnitt des „Mazda R 130", die anderen Typen weisen im wesentlichen den gleichen Aufbau auf, einige Details wurden bereits in Abschnitt 5.6 behandelt. Die Daten der Motoren sind in der Tabelle auf S. 137 aufgeführt.

Bild 150 zeigt einen Mantel aus Druckguß mit Transplant-Stahlschicht von 0,3—1,0 mm Dicke, auf die 0,06 bis 0,08 mm Hartchrom maßgalvanisiert ist. Man erkennt die axiale Kühl-Wasserführung und die großen O-Ringe zur Abdichtung. Die untere Zündkerze ist durchgebohrt, die obere hat einen Schußkanal.

	Mazda 110 S	R 100	R 130	RX 2
e [mm]	15	15	17,5	15
R [mm]	101	101	116	101
a [mm]	4	4	4	4
B [mm]	60	60	60	69
V_K [cm³]	491	491	655	573
V_H [cm³]	1964	1964	2620	2292
ε	9,4	9,4	9,1	9,4
		Normalbenzin		
Zündkerzen je Mantel	2	2	2	2
SAE: $P_{eff}(N_e)$	94 kW (128 PS)	81 kW (110 PS)	93 kW (126 PS)	96 kW (130 PS)
bei min⁻¹	7000	7000	6000	7000
M_{max}	142 Nm	135 Nm	175 Nm	163 Nm
bei min⁻¹	5000	3500	3500	4000
p_{meff}	9.05 bar	8.5 bar	8,4 bar	8,6 bar
Einlass	Seite	Seite	Seite	Seite
Auslaß	Umfang	Umfang	Umfang	Umfang
Eö n. ÜT.	25°	32°	35°	32°
Es n. n. AT.	45°	40°	45°	40°
Aö v. ET.	75°	75°	77°	80°
As n. ÜT.	42°	35°	36°	48°
Motorgewicht	108 kg	129 kg	146 kg	
Kolben		Temperguß, gleitgelagert		
Dichtleisten		einteilig, Spezialkohle		
Exzenterwelle		zweifach gleitgelagert		
Mantel		Silumin-Gamma, Laufbahn hartverchromt		
Seitenscheiben	Leichtmetall Stahl.- bzw. Molybdän-gespritzt	Grauguß induktiv gehärtet		Grauguß induktiv gehärtet

In den Bildern 151 und 152 sind Seitengehäuse aus Aluminiumlegierung, aus Preisgründen nur in der heißen Zone Molybdän-, sonst Stahl-gespritzt, und aus Grauguß, strahlenförmig induktionsgehärtet, dargestellt. Man erkennt die Einlaßöffnungen; in der Zwischenscheibe befinden sich die Saugkanäle der 1. Stufen des Doppel-Registervergasers, sie werden durch eine Abgasumführung erwärmt, in den Endscheiben befinden sich die Saugkanäle der 2. Vergaserstufen. Es sind zwei Zündverteiler mit unterschiedlicher Einstellung vorhanden, mit Rücksicht auf die klingelempfindlichen Kohle-Dichtleisten wird wenig Frühzündung gegeben.

Das Bild 153 gibt den Leistungs- und Mitteldruckverlauf des Motors „R 100“ wieder, als Folge des Seiteneinlasses und der geringen Frühzündung erreicht p_{meff} nur 8,5 bar. Für den Einsatz in Sport- und Rennveranstaltungen werden Umbausätze angeboten, die eine Leistungserhöhung bis 170 kW (230 PS) möglich machen sollen.

Bild 151. Seitengehäuse aus Aluminium-Legierung.
Seitenflächen mit Stahl, in der Brennraumzone (helle Fläche) mit Molybdän gespritzt.

Bild 152. Seitengehäuse aus Gußeisen, induktionsgehärtet.

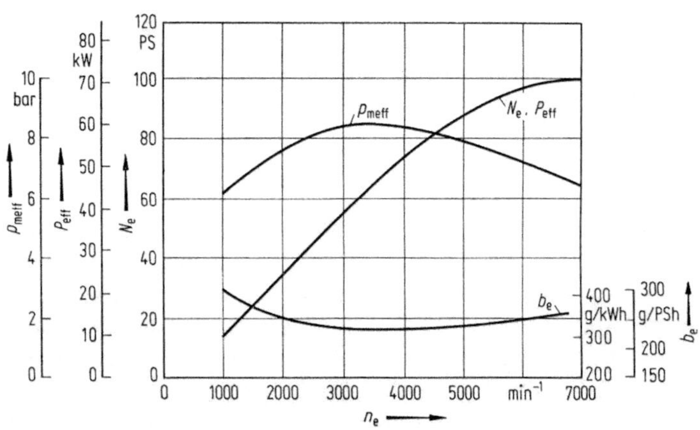

Bild 153. Leistungsschaubild des „Mazda R 100".

5.94 Fichtel & Sachs

Obwohl keine Vorteile hinsichtlich Gewicht und Preis bei Motoren mit Leistungen unter 20 PS erwartet werden konnten, nahm die Fa. Fichtel & Sachs in Schweinfurt dennoch im Jahre 1960 Lizenz bei NSU-Wankel. Anreiz boten die fehlenden freien Massenkräfte, die bei Kleinmotoren überaus störend sein können, sowie das günstige Geräuschniveau bei hohen Drehzahlen. Aus Kosten- und auch betrieblichen Gründen verlegte man sich auf Luftkühlung, wobei man bewußt eine geringere Leistungsausbeute in Kauf nahm [6, 28, 29]. Um sich ein aufwendiges Schmierölsystem zu ersparen, wurden für Grund- und Kolbenlager Wälzlager gewählt, die ihre Schmierung vom Frischgas, das zur Kühlung durch den Kolben geleitet wird, erhalten. Dem Kraftstoff wird, wie bei Zweitaktmotoren üblich, im Verhältnis 50:1 Öl beigemischt. Bild 154 zeigt, wie das Frischgas über eine Öffnung in der

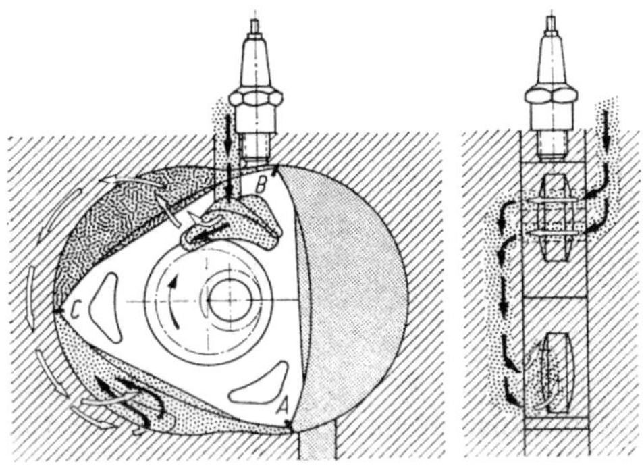

Bild 154. Frischgasführung bei den Fichtel & Sachs-Motoren.

Seitenscheibe, durch den Kolben, durch die andere Seitenscheibe und dann über Seiten- oder besser Umfangseinlaß in den Arbeitsraum gelangt. Die Öffnungen in den Seitenscheiben sind außen so gestaltet, daß sie stets innerhalb der Seitenstreifen liegen, ihre innere Kontur ist durch die Außenform des Kolbens gegeben. Das Frischgas nimmt auf dem langen Weg Wärme auf, wodurch die Füllung und damit die Leistung gemindert wird; durch entsprechende Bemessung des Motors kann dies ausgeglichen werden, das Motorgewicht steigt nur unbedeutend an.

Zur Zeit werden 4 Grundtypen mit Leistungen von 2, 6, 13 und 17 kW (3, 8, 18, 23 PS) (Kammervolumen 100, 160, 302 u. 290 cm³) gefertigt, sie sind alle luftgekühlt und haben einen Kolben. In Bild 155 sind Längs- und Querschnitt des stärksten Typs KM 914 dargestellt, man erkennt die großen Kühlrippen vor allem auf der Zündkerzenseite, das Kühlgebläse mit der umlaufenden Zündanlage sowie die Wälzlager auf der Exzenterwelle. Die Zündkerze befindet sich in der Nähe des Druckausgleichs, sie benötigt daher keinen Schußkanal; infolge der günstigen Spülung mit Frischgas zeichnen sich die Motoren durch sehr guten Start auch bei ungewöhnlich niederen Temperaturen aus.

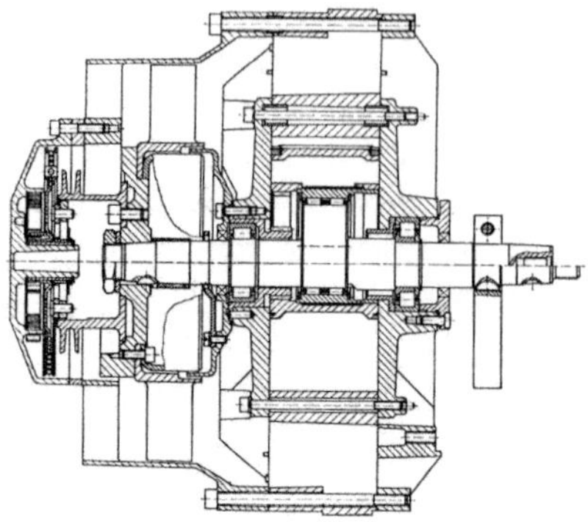

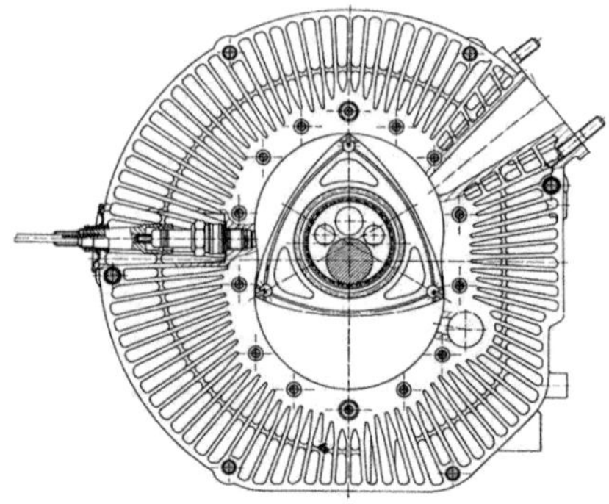

Bild 155. Fichtel & Sachs-Motor KM 914.

Der Kolben ist aus Grauguß, die Dichtleisten sind einteilig und aus IKA, da ja meist mit hohen Drehzahlen gefahren wird, für die Seitenteile wurde übereutektisches Aluminium, bei dem auf eine Beschichtung verzichtet werden konnte, gewählt. Der Mantel ist aus Silumin-Gamma mit Nikasil beschichtet.

Insgesamt wurden bis Mitte 1971 rd. 34000 Wankelmotoren gefertigt, sie wurden eingesetzt in landwirtschaftlichen Geräten, Einachsschleppern, Kehrmaschinen, Rasenmähern, Kreissägen, Schienenschleifmaschinen, Feuerspritzen, Notstromaggregaten, Bewässerungspumpen usw. Sehr beliebt sind die Motoren bei Schneemobilen, wie sie

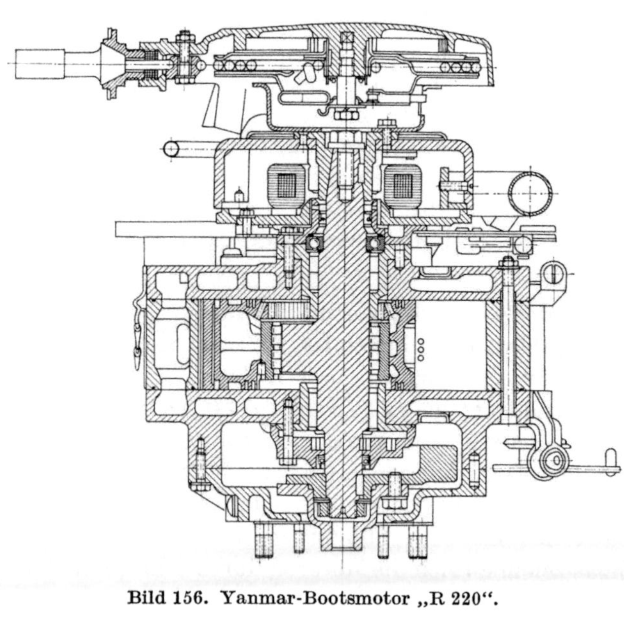

Bild 156. Yanmar-Bootsmotor „R 220“.

in USA und Kanada vielfach in Gebrauch sind; weiterhin finden sie Verwendung als Außenbordmotoren, neuerdings als Hilfsmotoren für Segelflugzeuge, auch ein Motorrad mit Fichtel & Sachs-Wankelmotor, das allerdings noch nicht in Serie gegangen ist, wurde gezeigt.

Bei der verhältnismäßig niederen Leistungsausbeute sind die spezifischen Kraftstoffverbräuche nicht allzu günstig, jedoch deutlich besser als bei den sonst für diese Zwecke üblichen Zweitaktmotoren. Hinsichtlich der Haltbarkeit befriedigen die Motoren bestens.

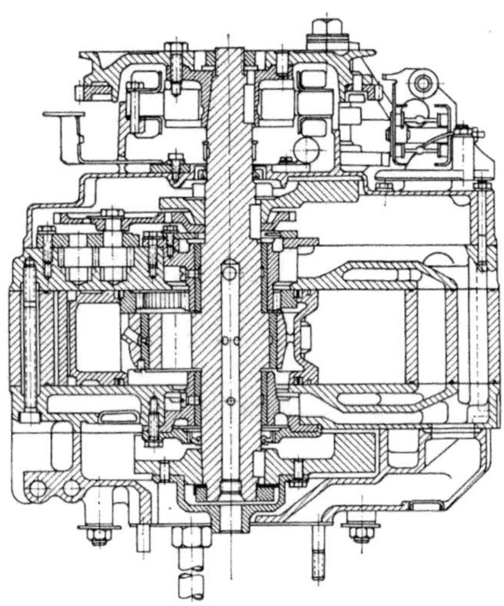

Bild 157. Yanmar-Bootsmotor „R 450".

5.95 Yanmar-Diesel

Von der Fa. Yanmar-Diesel werden zwei 1-Kolben-Wankelmotoren für Außenbord-Motorboote und stationäre Zwecke angeboten [30]. Sie sind beide wassergekühlt und arbeiten nach dem Ottoverfahren. Als Leistung werden bei einem Kammervolumen von 220 bzw. 450 cm³ 15 bzw. 33 kW (20 bzw. 45 PS) angegeben (s. Bilder 156 und 157). Die Motoren haben Umfangeinlaß, die Laufbahn ist hart-verchromt die einteiligen Dichtleisten bestehen aus einem Gußgrundkörper, in den ein Kohle-Streifen eingesetzt ist, um die Festigkeit zu erhöhen. Der kleinere Motor ist ganz wälzgelagert, der größere weist Gleitlager auf.

Auch an einem Dieselmotor wird gearbeitet, sein Aufbau entspricht der Rolls-Royce-Bauart (s. Abschnitt 5.98), jedoch beträgt das Kammervolumen der 1. Stufe nur 1044 cm³, dasjenige der 2. Stufe 450 cm³ (s. Bild 158).

Bild 158. Yanmar-Diesel-Versuchsmotor.

5.96 Graupner

Für Modellflugzeuge liefert die Fa. Graupner, Kirchheim/Teck luftgekühlte Wankelmotoren (japanische Fertigung), die sich vor allem wegen ihrer Vibrationsfreiheit und ihres günstigen Einbaus für diesen Zweck besonders gut eignen (s. Bild 159). Die Daten sind:

$$V_K = 4{,}9\ \text{cm}^3$$
$$P_{\text{eff}}(N_e) = 0{,}46\ \text{kW}\ (0{,}63\ \text{PS})$$
$$n_e = 16\,000\ \text{min}^{-1}$$
$$G = 370\ \text{g}.$$

Bild 159. Graupner-Modellflugmotor.

Bild 160 zeigt die Einzelteile des Motors. Auf die seitliche Abdichtung des Kolbens wurde verzichtet, die Frischgasführung entspricht derjenigen der Fichtel & Sachs-Motoren. Bis Ende 1971 wurden 5000 Motoren gefertigt.

5.97 Mercedes-Benz

Im Jahre 1969 gewährte die Fa. Daimler-Benz AG erstmals einen Einblick in ihre Arbeiten auf dem Wankelmotorengebiet [31]. Sie zeigte auf der Automobil-Ausstellung in Frankfurt einen Sportwagen

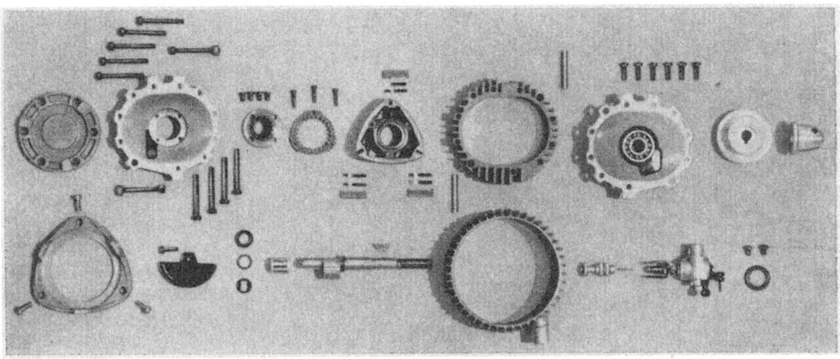

Bild 160. Einzelteile des Graupner-Motors.

mit einem 3-Kolben-Wankelmotor und bereits ein halbes Jahr später in Genf den verbesserten Wagen mit einem 4-Kolbenmotor. Das Fahrzeug soll zu Erprobungszwecken unter anderem auch des Motors dienen, eine Serienfertigung ist nicht geplant.

In den Bildern 161 bis 163 sind Längs- und Querschnitte dargestellt, zahlreiche Details wurden in Abschnitt 5.6 bereits behandelt. Die Daten des 3- bzw. 4-Kolbenmotors sind:

	3-Kolbenmotor	4-Kolbenmotor
e [mm]	15	15
R [mm]	99	99
a [mm]	4	4
B [mm]	75	75
V_K [cm³]	600	600
V_H [cm³]	3600	4800
ε	9,3	9,3
$P_{eff}(N_e)$	205 kW (280 PS)	260 kW (350 PS)
n_e [min^{-1}]	7000	6000
p_{eff} [bar]	10,5	11
Gewicht m. Anlasser, Lichtmaschine u. Luftfilter kg	150	180

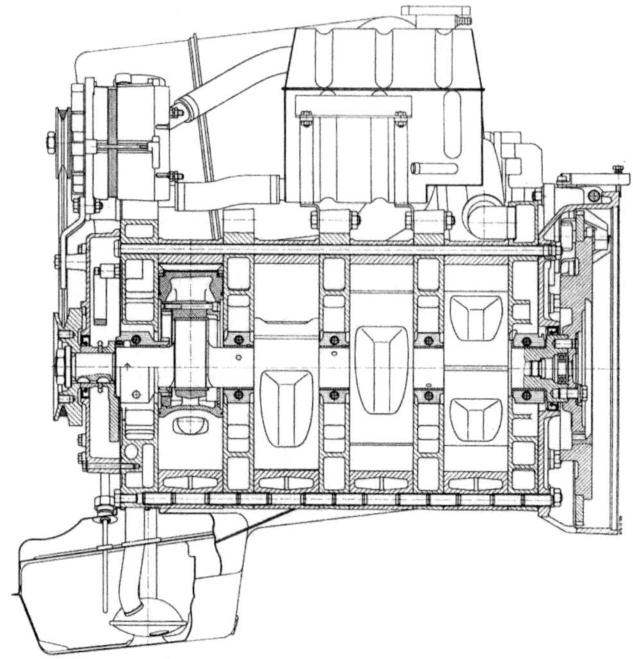

Bild 161. Längsschnitt durch den Mercedes-Benz 4-Kolbenmotor M 950/4.

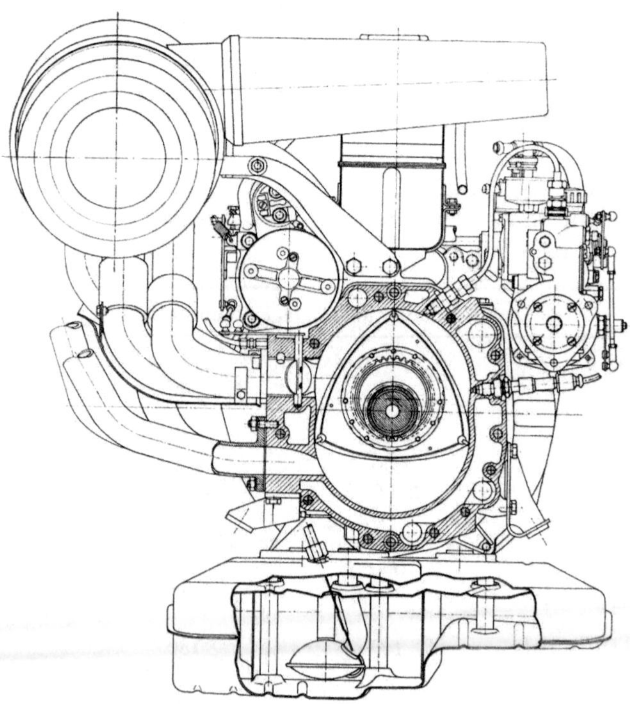

Bild 162. Querschnitt durch den Mantel des M 950/4.

Zu beachten sind die kleinen Abmessungen des eigentlichen Motors, im Vergleich dazu wirken die Hilfsgeräte wie Einspritzpumpe, Anlasser und vor allem das Luftfilter sehr voluminös. Das Leistungsschaubild des 4 Kolbenmotors ist in Bild 164 dargestellt: eine weitere Leistungssteigerung allerdings auf Kosten der Leistung im unteren Bereich ist durch entsprechende Abstimmung ohne weiteres zu erzielen.

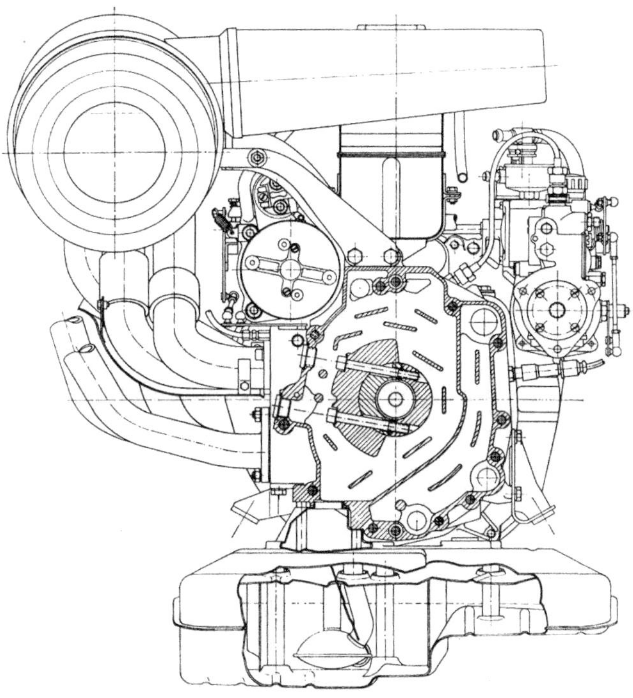

Bild 163. Querschnitt durch ein Zwischenteil des M 950/4.

Die Arbeiten am Wankelmotor sind bei Daimler-Benz noch nicht soweit fortgeschritten, daß ein Serienbeschluß gefaßt werden konnte; es muß in jeder Hinsicht die Reife des hochentwickelten Hubkolbenmotors erreicht werden, bevor dieser Schritt unternommen wird.

5.98 Rolls-Royce

Die Versuche, den als Otto-Motor bekannten Wankelmotor auch als Dieselmotor darzustellen, scheiterten. Versuche mit den verschiedensten Abmessungen wurden von den Firmen des sogenannten Dieselrings (Daimler-Benz, Klöckner-Humboldt-Deutz, Krupp und MAN) mit negativem Ergebnis durchgeführt. Die beim Dieselmotor notwendige hohe Verdichtung erfordert ein sehr großes R/e (s. Abschnitt 5.15), der Brennraum wird hierdurch zu ungünstig, und die Wärmever-

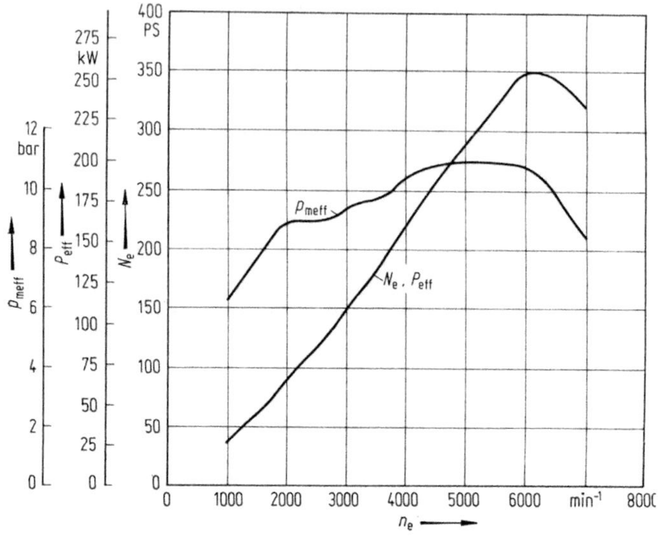

Bild 164. Leistungsschaubild des M 950/4.

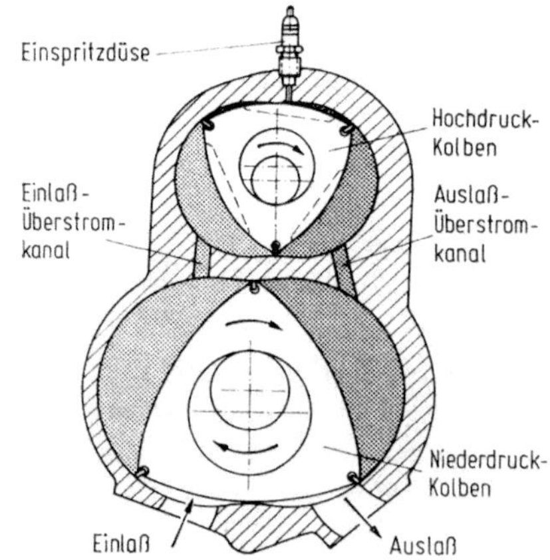

Bild 165. Rolls-Royce-Zweistufen-Dieselmotor.

Bild 166. Einblick in den zweistufigen Motor.

luste werden untragbar hoch. Zweifellos sind die thermodynamischen Eigenschaften des Wankelmotors seine schwache Seite; sie lassen sich beim Ottomotor ausgleichen, beim Dieselmotor dagegen kaum mehr, zumal hier auf Wirtschaftlichkeit besonderer Wert gelegt wird.

Um das beim Ottomotor übliche R/e beibehalten zu können, wurde bei Rolls-Royce [32, 33], wie auch bei Yanmar-Diesel (s. Abschnitt 5.95) eine Verdichtungsstufe vorgeschaltet, deren Leistungsbedarf dadurch gedeckt wird, daß die Expansion über die vorhergehende Kolbenflanke erfolgt (s. Bild 165). Die 1. Stufe hat das 2,65fache Kam-

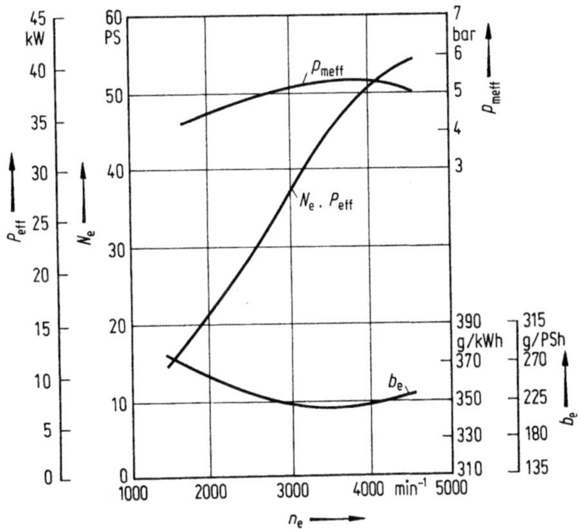

Bild 167. Leistung und Verbrauch des R 1 E-Motors bei einem Luftverhältnis $\lambda = 2$.

mervolumen des eigentlichen Arbeitsraumes (2. Stufe), man wählte für die geplanten Motoren die 1. Stufe $= 3250\,cm^3$, die 2. Stufe $= 1265\,cm^3$. Bild 166 gibt einen Einblick in den Motor; man ersieht, daß die beiden Stufen in einem Gehäuse untergebracht sind, um die Überströmkanäle, die ja Toträume sind, klein zu halten. Durch zahlreiche Kolbenmuldenversuche mit den verschiedensten Einspritz-Düsen-Ausführungen und -Lagen konnten beachtliche Erfolge erzielt werden, allerdings ließen sich die Kraftstoffverbräuche ähnlich großer Hubkolben-Dieselmotoren nicht erreichen.

Der große Vorteil der Wankel-Bauart gegenüber Hubkolbenmotoren dieser Leistungsklasse liegt in den erreichbaren Drehzahlen — 4500 min^{-1} waren ohne weiteres möglich —, womit sich wesentlich kleinere Abmessungen, damit geringeres Gewicht und wohl auch günstige Herstellkosten ergeben. Bild 167 gibt ein Leistungsschaubild des R 1 E-

Versuchsmotors (1. Stufe: V_k 1265 = cm³, 2. Stufe 498 cm³) bei einem Luftverhältnis von $\lambda = 2$ wieder; bei $\lambda \approx 3$ lag das Verbrauchsminimum von 2500 bis 3500 min^{-1} bei 220 g/kWh (161 g/PSh) Geplant ist, 2 und 4 Einheiten zusammenzustellen, es werden damit 260 bzw. 520 kW (350 bzw. 700 PS) erwartet.

Schlußwort

Im vorliegenden Buche wurden ausführlich die grundsätzlichen Untersuchungen von Felix Wankel über die Abdichtung bewegter Maschinenteile behandelt, sie sind für jeden, der sich mit Rotationskolbenverbrennungsmotoren beschäftigen will, von größter Wichtigkeit. Erst aufgrund der gewonnenen Erkenntnisse war es möglich, mit Aussicht auf Erfolg Motoren mit nur drehenden oder kreisenden Bauteilen darzustellen.

Weiterhin wurde die von Wankel ausgearbeitete Systematik der Rotationskolbenmaschinen mit ihren Begriffen erläutert; sie gestattet, jeden neuen Vorschlag sofort einzuordnen, die Fülle der möglichen Bauarten ist außerordentlich groß, während es bei den Hubkolbenmotoren nur wenige Varianten gibt.

Bei Verbrennungsmotoren müssen bestimmte Voraussetzungen erfüllt sein, die bei reinen Fördereinrichtungen nur eine geringe Rolle spielen, sie wurden aufgezeigt und besprochen.

Aus der großen Zahl von Vorschlägen für Rotationskolbenmotoren hat sich nur der Wankel-Kreiskolbenmotor durchgesetzt, er hat einen sehr hohen Entwicklungsstand erreicht, und es ist damit zu rechnen, daß ihm in Zukunft eine große Bedeutung zukommen wird. Alle anderen Bauarten blieben im Anfang stecken, es ist kaum vorstellbar, daß eine einfachere und günstigere Lösung als der Wankel-Kreiskolbenmotor gefunden wird. In ausführlicher Weise wurden die kinematischen Zusammenhänge des Wankelmotors dargestellt, die notwendigen Formeln angegeben und die einzelnen Bauteile in ihren Varianten nach dem heutigen technischen Stande behandelt. Schließlich wurden die bekanntgewordenen Konstruktionen von Wankelmotoren besprochen, in späteren Auflagen dieses Buches möge die weitere Entwicklung anhand von inzwischen erfolgten Neukonstruktionen aufgezeigt werden.

Schrifttum

1. Huf, F.: Zur Geschichte der Rotationskolbenmaschinen. Automobil-Revue Nr. 49 (1961).
2. Bensinger, W. D.: Die Steuerung des Gaswechsels in schnellaufenden Verbrennungsmotoren, Konstruktionsbuch Nr. 16. 2. Aufl. Berlin-Göttingen-Heidelberg: Springer 1968.
3. Bensinger, W. D.: Die DVL-WVW-Drehschiebersteuerung. MTZ 21 (1960) 363–365.
4. Dykes, P. K.: Piston ring movement during blow-by in high speed petrol engines. Institution of Mechanical Engineers Proc. Automobile Division. Part 2 (1947/48) 71–78.
5. Wankel, F.: Einteilung der Rotationskolbenmaschinen. Stuttgart: Deutsche Verlags-Anstalt 1963.
6. Ansdale, F. R.: The Wankel RC Engine. London: Iliffe Books Ltd. 1968. —: Der Wankelmotor, übersetzt und ergänzt von H. Keller, Stuttgart: Motorbuch-Verlag 1971.
7. Kühner, H.: Das Arbeitsvolumen innenachsiger Trochoidenmaschinen. MTZ 25 (1964) 95/96.
8. Wankel, F.: Die Anzahl der Zylinder und Kammern bei durchsatzgleichen Viertaktmotoren mit Hubkolben und mit Rotationskolben der Trochoidenbauart. MTZ 25 (1964) 489–494.
9. Huber, E.: Benennung der Teile von Kreiskolbenmotoren System NSU-Wankel. MTZ 27 (1966) 501–502.
10. Kühner, H.: Versuche am Kreiskolbenmotor Ka 3:2. MTZ 28 (1967) 210 bis 217.
11. Norbye, J. P.: The Wankel Engine. Philadelphia—New York—London: Chilton Book Company 1971.
12. Froede, W.: Sportwagen mit NSU-Wankel-Motoren. ATZ 65 (1963) 253 bis 256.
13. —, Jungbluth, G.: Der Kreiskolbenmotor des NSU-Spider. ATZ 68 (1966) 150–155 u. 268–272.
14. —: The Rotary Engine of the NSU-Spider. SAE Trans. Nr. 650722 (1966) 414–424.
15. Jungbluth, G.: Aus der Entwicklung des Zweifach-Kreiskolbenmotors KKM 612 für den NSU-Wagen Ro 80. MTZ 28 (1967) 351–355.
16. Brockhaus, H., Strobel, R. M.: Ro 80 — ein neuer NSU-Mittelklassewagen mit Kreiskolbenmotor. ATZ 69 (1967) 279–294.
17. Basshuysen, R. van, Hornfeck, W.: Abgasentgiftung des Ro 80-Kreiskolbenmotors durch thermische Nachverbrennung. ATZ 73 (1971) 218–222.
18. Bentele, M.: Curtiss-Wright's Entwicklungen an Rotationskolbenverbrennungsmotoren. MTZ 22 (1961) 187–194.
19. —: Weiterentwicklung von Rotations-Verbrennungsmotoren bei Curtiss-Wright. MTZ 23 (1962) 326–328.
20. —, Jones, Ch.: Fortschritte mit Curtiss-Wright's Rotationsverbrennungsmotoren. MTZ 27 (1966) 202–208.
21. Jones, Ch.: New Combustion Powerplant Development. SAE Transactions Nr. 650723 (1966) 425–445.

22. —: The Rotating Combustion Engine Compact, Lightweight Power for Aircraft. SAE Paper Nr. 670 194 (1966).
23. Cole, D. E., Jones, Ch.: Reduction of Emissions from the Curtiss-Wright Rotating Combustion Engine with an Exhaust Reactor. SAE-Paper Nr. 700074 (1970).
24. Jones, Ch., Lamping, H.: Curtiss-Wright's Development Status of the Stratified Charge Rotating Combustion Engine. SAE-Paper Nr. 710582 (1971).
25. Yamamoto, K.: Die Kreiskolbenmotoren der Bauart Wankel-NSU von Toyo Kogyo. ATZ 72 (1970) 196—200.
26. —, Kuroda, T.: Toyo Kogyo's Research and Development on Major Rotary Engine Problems. SAE-Paper Nr. 700079 (1970).
27. —: Rotary Engine, Hiroshima- Toyo Kogyo Co. Ltd. 1971.
28. Keller, H.: Ein luftgekühlter Wankelmotor. MTZ 26 (1965) 165—167.
29. —: Small Wankel Engines. SAE-Paper Nr. 680572 (1968).
30. Yamaoka, K., Todo, H.: The Rotary Engines of Yanmar Outboard Motor. SAE-Paper Nr. 710581 (1971).
31. Bensinger, W.-D.: Der heutige Entwicklungsstand des Wankelmotors. MTZ 31 (1970) 1—7.
32. Feller, F.: The 2 Stage Rotary Engine — a new concept in Diesel Power. The Institution of mechanical engineers, Vol. 185 13/71 (1970—71).
33. —: Ein Zweistufen-Diesel-Wankelmotor, Auszug von [32] übersetzt von W. Springer. MTZ 32 (1971) 119—122.
34. Lang, O. R.: Triebwerke schnellaufender Verbrennungsmotoren, Konstruktionsbuch Nr. 22, Berlin—Heidelberg—New York: Springer 1966.

Sachverzeichnis

721/1/73